ヤマケイ文庫

ニホンオオカミの最後

狼酒・狼狩り・
狼祭りの発見

Endo Kimio

遠藤公男

Y L
Yamakei Library

ニホンオオカミの最後・目次

Ⅲ ニホンオオカミの正体

Ⅳ 狼の生態

Ⅴ 江戸時代の狼

Ⅵ　荒れる狼

Ⅶ　明治九年、狼の子を天覧

Ⅷ　狼の首に賞金

Ⅸ　売り物になった狼

X　狼狩りの証言

XI　恐るべき攻撃力

XII いたましい最後

XIII 狼の形見

*本文中の市町村名は、特記のないかぎり岩手県のものです。いわゆる〝平成の大合併〟で変更されている場合は、現在の名称を付記しました。

*お話をうかがった方の年齢は、すべて取材時のものです。現在は故人になられた方も含まれています。

*山名と標高数値は著者所蔵の資料に拠りました。

*文語体で記されている文献資料は、原則として口語体に直しました。そのほかの資料も、読みやすさを考慮して一部を書き改めた箇所があります。

*引用文中に、今日の人権意識では不当・不適切とされる語句や表現が見受けられますが、時代背景と資料的価値を考えあわせ、そのまま掲載しました。

はじめに

狼はわが国に生息する最強のけものだった。
しかし、その姿は歴史の闇に消えたエミシのようにはっきりしない。ニホンオオカミの生きた姿の写真は一枚もなく、剝製標本は日本にはごく貧弱なものが三点しか残っていない。

狼といえば、日本にはかつて大小二種類がいた。北海道には大型のエゾオオカミ、本州、四国、九州にはやや小さいニホンオオカミだ。惜しいことにエゾオオカミは明治二十二年ごろ、ニホンオオカミは明治三十八年に奈良県鷲家口《わしかぐち》での捕獲を最後に滅びたとされる。

私は昭和八年岩手県南一関《いちのせき》に生まれたが、生まれつきの動物好きで、中でも狼に強くひかれていた。シートン動物記の『オオカミ王 ロボ』を愛読したせいもある。アメリカのカランポー平原で、牛を襲うオオカミの英雄がいた。人間たちが毒や罠を仕掛けるが、賢いロボはかからない。そこでシートンはロボの愛妻を捕らえ、それを罠についにロボを捕らえる。

狼の夫婦愛を描いた動物文学の名作だ。世界にはこれほど賢く強い狼がいたのだ。しかし、ふるさと岩手の狼はどうしたのか、明治の初めには確かにいたというのに消えてしまった。一体どこへ行ったのだろう？　岩手には狼のほかにも、オオワシとかカワウソなどがいるのかどうか、教えてくれる人も本もなかった。無論『遠野物語』には狼が登場する。しかし、民話風でリアリティ（存在感）がなかった。

昭和二十六年、私はエンジニアになろうとして大学受験に失敗した。まあ落ちこぼれというのだろう、仕方なく中学の代用教員になったのだが、これがおもしろい。生徒は純真でやりがいがある。教師は天職だと自分にいいきかせて二度と受験はしない。しかし、私は無類の動物好きだった。教師をしながら岩手の動物を調べてみようと野望のような夢を抱いていた。力もないのに。

岩手には北上川をはさんで、二つの大きな山脈がある。西にうす青く連なるのは奥羽山脈で、最高峰は岩手山（二〇三八メートル）だ。東のほう、太平洋側に茫洋と広がるのは北上高地で、宮城県牡鹿半島から青森県八戸《はちのへ》市に至り、南北は二百六十キロ、東西は八十キロもあって、岩手の三分の二がそこに含まれる。最高峰は高山植物で名高い早池峰《はやちね》山（一九一三・六メートル）だ。

茫洋と山々がつらなる北上高地（撮影：瀬川強）

山並みの間には種山ヶ原、早坂高原、平庭高原、荒川高原、貞任《さだとう》高原など、広漠とした高地が広がり、中央盆地には民話の里で名高い遠野がある。太平洋側には、久慈、宮古、釜石、大船渡《おおふなと》、陸前高田などの港町が開けているが、内陸との間をけわしい山がはばんでいた。

北上高地には千メートルを越すピークが六十以上ある。そこには石灰岩の断崖が多く、クマタカが翼をひろげ、地下にはコウモリのすむ神秘的な鍾乳洞があちこちにある。そこで北上高地は本州に残る最後の秘境といわれていた。

白状するが、私は若いときに狼の

絶滅を信じずに、岩手の奥地には残っているのではないかと思っていた。そこで昭和三十年から、希望して奥羽山脈の村で四年半小学教師をして暮らした。電気もなく郵便物配達区域外の戸数八戸の秘境の集落で、熊狩りの名人で酋長とあだ名された晴沢政吉さん（明治二十五年生まれ）がいたが、狼のことは「昔はいたったずぅ」というだけだった。

しかし、岩手は広い。冬休みには北上高地の奥地を徒歩で二週間ずつ二回も横断して、物知りや猟師を訪ねた。そのころ高齢の方は明治ひとけたの生まれで訛りが強く、言葉が通じない。五、六十代の息子さんや娘さんに通訳してもらうありさまだったが、狼を知っている人は見つからない。もう五十年も早く訪ねたら、何か見つかったのではないかと嘆いた。

それでも私は独学で動物学にのめりこみ、奥地の学校ばかりまわって幸運にもコウモリの新種三、北海道でノネズミの新種を見つけた。ささやかな学問への貢献が喜びだった。

狼については、コウモリ調査のかたわら岩手山から早池峰山、須川岳、五葉山など、めぼしい山には寝袋でビバークし、遠吠えに耳を澄ましたがもうどこにもいなかった。

三十九歳の時、半生の自伝『原生林のコウモリ』を発表すると、青少年読書感想文コンクールの課題図書となった。私はシートンのように野生動物の側に立つ動物文学を書きたいと思うようになっていた。

やがて陸中海岸船越半島の奥地で、ワシ猟師だった澦磯《すくいそ》七兵衛さん(明治二十年生まれ)に会った。七兵衛さんの家では、入口の柱に撃ち取ったオオワシ、オジロワシのしゃれこうべと足を五、六羽分、魔除けとして飾っていた!

七兵衛さんは八十歳を過ぎていたが、海ワシを御神鳥《おんかみどり》と呼び、さまざまな昔の猟を記憶していた。まさに遠野物語と現代をつなぐ人物! 人生には奇跡のような出会いがある。私は天命を感じて四十一歳で教員を退職し、七兵衛さんの生涯を書くことにかけた。七兵衛さんの伝えるものは片手間では書けないほど大きかったのだ。こうして『帰らぬオオワシ』を出版し、ワシのほかにもカワウソやトドなど、北上高地の海辺の動物誌を残すことができた。

その後、カスミ網の禁止に命をかけた人たちの戦いを追った『ツグミたちの荒野』、韓国の虎が滅びるまで(もちろんチョウセンオオカミも犠牲になった)を調査した『韓国の虎はなぜ消えたか』『韓国の最後の豹』、年間百万羽もの野鳥を輸出していた中国が、野鳥の捕獲と販売を禁止するまでの経緯を描いた『野鳥売買 メジロたちの悲劇』などを出版するかたわら、狼の探求をつづけたが、それは雲をつかむように難しかった。

各地の市町村史を見ると、藩政時代にはしばしば狼狩りがあり、村によっては夜ごと火を焚き、太鼓を叩いて荒れる狼を警戒した。明治になると火縄のいらない猟銃が発明されて乱獲が進み、狼は全国的に姿を消す。しかし、岩手には残っていて、明治八年に県は狼を害獣として捕獲に報労金（賞金）をつけた。

だが、目ぼしい山村を訪ねても、賞金をもらった人は見つからない。

昭和六十一年、盛岡藩の御家老日誌を解読した『盛岡藩雑書』が刊行された。開いてみると殿様の鷹狩りや鹿狩り、ツル、コウノトリ、トキのことが列記されている。そこで江戸時代、みちのくの野生動物がいかに豊かであったかを『盛岡藩御狩り日記』として出すことができた。

しかし、狼は依然として霧の中だった。明治になっての捕獲の事実は見つからない。私は狼のことなら、どんなことでも知りたいと思っていた。

岩手県全図（細字は平成の大合併前の名称）

I　狼酒の発見

本州に残る最後の秘境

みちのく岩手の北上高地に、狼で作った酒を秘蔵する家があるという。

ええっ？　狼酒なんて『遠野物語』にあったろうか？

『遠野物語』は、北上高地の遠野郷の伝承や民話を集めた柳田國男の名作で、民俗学の原点とされている。その『遠野物語』に……狼酒なんて……ない。

狼酒があるのは、北上高地の東北部に深く根を張っている閉伊《へい》郡の奥深い所という。閉伊……という、どこか縄文風の響きを持つ地域は、交通不便で人口は稀薄。昭和四十年代までは、朝早く汽車に乗り、バスに乗り替え、途中で泊まって、山道を数時間歩いて……と盛岡から二日がかりで着くような村もあった。そのころ、盛岡から東京まで急行列車で九時間だったから、閉伊の村々は東京よりはるかに遠い存在だった。

急速に開発が進んだとはいえ、どこにどんなものが残っているか計り知れない。そこで私は、昭和五十三年の七月、狼酒を確かめに山また山の奥を訪ねていった。まさか……まさかと、つぶやきながら。

大槌《おおつち》という太平洋側の港町から山合いを西に進み、深渡りという川淵を曲がると高台に二軒、下の家が狼酒を秘蔵するハナヨ婆さんの家という。古い南部曲がり屋の大きな農家だ。

ザンバラ髪のハナヨ婆さんは、川べりで牛にやる草を刈っていた。いたましいほど腰が曲がっている。

「……そんなもの、おらは知らねえな」

やせた婆さんは、チラと私を見た。持参した菓子折りを何かモガモガいいながら受け取り、それを草の上においてのろのろ鎌を動かしつづける。耳が遠いのだろうか。

私は意気込んでさらに訊ねた。すると婆さんは突然キッとなった。

「ねえっ！　狼酒なんて、どこにあるって！」

キンキン声で叫んだ。

「どっから聞いてきたべえ、好かねえごど！」

光る鎌をにぎって身構えている。くぼんだ目にただならぬ気配があった。まずい！

よそ者に気を許さない人のようだ。ほうほうの態で車まで逃げ帰ると、ハナヨ婆さんがなんと菓子折りを川に放り込むのが見えた。

その夜、仕事が手につかなかった。せっかく狼の何かに接触したのに、すんでのところで滑り落ちてしまった。しかし、あんな気性の激しい婆さんがいるとは……。落ち込みながら、狼の声の録音テープがあるのを思い出し、居間の灯りを落として聴いてみる。

舞台はたそがれのカナダ。銀色の鈴のような蛙の声につづいて、オオーンと一頭の遠吠えが始まり、仲間の狼がつづく。リーダーの雄だろう、深いとどろくようなバスが流れた。

　オーオーン、オーオーオーン

飢えがせまるのか、うなりながら争う響きになった。

荒野のたそがれにこのような合唱に遭遇したら、私ならひれ伏すだろう。

地平線に遠雷があって、遠吠えは生きる苦悩を訴える。魂をゆさぶられながら、ハナヨ婆さんへの配慮が足りなかったことを悔む。農作業中ではなく、居間でくつろいでいるときに訪問すべきだった。

前代未聞の秘薬

三日おいて、私はまた出かけた。今度はまず近所で聞いてみた。

村の長老、重義爺さん

「ハナヨ婆さんは婿取りで、家に三代の夫婦が揃っている。ご親類の人といえば……」

重義爺さんは信用が厚いという。宮ノ口の重義爺さんの家まで三キロほど戻った。

「狼酒？　ほほう、そんなものがあるのか。それは俺も見てえもんだ」

重義爺さんは村の長老で、明治四十二年生まれという。八十近いのに腰軽く立ち上がり、私に同行してくれることになった。

「いやぁ……また来たってか」

ハナヨ婆さんは上目づかいに私を見た。そこで私は平伏して先日の失礼を詫びたが、婆さんは渋い顔のままだ。しかし、今度は重義爺さんがいる。

「民俗学上……貴重な宝なんだと。見せてあげどがんせ（あげなさい）」

「そりゃ、あったども……」

婆さんは、一呼吸、二呼吸おいて認めた。

「一斗ばかりのカメさ入って、縁の下さあったのス……。家の建て替えになげた（捨てた）もの」

「あーっ、いたましい！」

「こんな古いもの、もう役に立たねえって……。黄色い水でなんし、底さ狼の肉だって、ひとかたまり、沈んでいたのし」

あれ、貴重な頭骨ではなかったか。目の前が暗くなる。

「何代前のもんだか、誰が作ったかもわかんねえのし。街道さカメのまま埋めたんだと。千人に踏まれれば、薬に効き目が出るってなし。心臓の薬っていったども、切ないときは、何の病いさも効くのし。おらも若いときは飲んだもの」

「それでその年まで草刈りができるんだべ」

宮ノ口の爺さんがからかうと、ハナヨ婆さんは苦笑いを浮かべて、ようやく狼酒の秘密をもらしはじめた。明治四十四年生まれという。

「海岸の田の浜から医者に見放された人がもらいに来て……盃っこで飲むのし、わずかずつ。それ飲んで病気が治ったって、魚だのワカメ背負って、親子で礼に来たごどもあったども……もう四十年にもなっか、昔のことだ」

「マムシ酒のようなもの？」

「いいや、何のかまり（匂い）もねえのし。薬取った後は、塩と水を足しておくんだもの」

「ええっ、塩を入れる？　アルコール分は？」

「アルコール分はねえのし」

「土用になれば、狼の肉はカメの底から、ひとりで浮かぶのす。そのときは、薬水は取れねえって……土用が過ぎれば、また、沈むのし。なんのわけだかなんし」

狼酒は古いカメに入っていたという。そのカメだけでも見たい。腰の曲がったハナヨ婆さんと、小屋やサイロのまわりを探した。狼酒を捨てたのは二、三年前という。ため息をついていると、五十代の息子、二十代の孫、八十になる連れ合いの爺さんが出てきた。

連れ合いの爺さんは婿にきて、そもそも、狼酒なんて初耳という。恐るべき秘薬……家付きのハナヨ婆さんだけが、秘かに親から伝えられたものらしい。

みなであちこち探したが、古いカメはかけらもない。再び空しく帰った。

関東の秩父や丹沢の旧家からは、家宝として秘蔵された狼の頭骨が何点か見つかっている。この地の秘薬にも狼の頭骨が入っていたかもしれない。私はいつまでも口惜しかった。

縁の下のカメ

半月ほどして重義爺さんから電話があった。

「おうら、狼酒が見つかったど！」

「うわーっ、なんという幸運！」

思わずとびあがった。重義爺さんはカメの探索をつづけていたのだ。

すぐさま重義爺さんとハナヨ婆さんの家を訪ねた。婆さんは相変わらず渋い顔だが、小屋で牛の乳をしぼっていた長男の嫁さんがにこにこして語る。

「ありゃんす（あります）」

胸が一杯になる。ハナヨ婆さんは、長男の嫁さんにだけ狼酒のありかを伝えていたのだ。

裏にまわって暗い物置に案内された。懐中電灯のライトに、大きな漬物樽や味噌桶が浮かぶ。縁の下に黒ずんだカメ。あれだ！　ハナヨ婆さんは捨てていなかったのだ。

その昔、病いを癒すために、ご先祖さまはさまざまな生き物を薬にした。熊の胆、猿の頭、鹿の角、青鹿《あおしし》のフン、マムシなど……狼からも精を取った。その精が、母屋の下の暗闇の中で眠っている。四つんばいになり、ライトで照らしながらあえぐ。

「奇跡だ！　奇跡！　奇跡！」

カメは一斗ばかりで、ビニールのカバーがかかっている。中身はどんなだろう、気は焦るばかりだが、カメを引き出すのは容易ではない。この日はあいにく若い男手がなく、諦めざるを得なかった。

重義爺さんが、狼酒はこの家だけではなく、上流の久四朗家、山ひとつ越えた別の水系の徳並、中ノ渡りの家にもあるらしいというので、重義爺さんとその三軒を訪ねてみた。しかし、どこにも残っていない。誰がいつ、どのようにして薬にしたのかもわからなかった。

徳並のヒメ婆さんは、狼酒が入っていたという三升ばかりの空のカメを見せてくれた。今は漬物ガメとして使っているという。

かつての中身は麹と塩で、狼の肉は綿のようにとけていたとのこと。昔からのものと守ってきたが、悪臭がするので先代の爺が捨てたという。

ヒメ婆さんの馬屋には、たくさんの絵馬が飾られていた。南部駒が重要な産物だったころ、馬の安全を祈って神さまに捧げたものだ。

この地では、若草が萌えだすと、集落中の馬を裏山の高地に放牧した。大きな牧《まき》では雌馬が四、五十頭。ひきいる父馬は一頭だけだ。

ヒメ婆さんは明治三十四年生まれ。狼を古い方言でオイノと呼んで昔を思い出す。朝、馬を牧へ放し、夕方になると母屋につづく馬屋へ入れて、頑丈な板戸を閉めたという。馬屋の中でさえ、狼が襲うことがあったからだ。

「人が油断していれば、オイノは日中でも馬さかかるのす」

父馬は、母馬と子馬のまわりをめぐって狼と戦った。狼は一頭だけではない。群れで襲ってくる。父馬は鼻息荒らく立ち上がり、前肢で牙をむくけものを追い払う。急をきいて男たちがかけつけたとき、

「父馬の体は、汗でないところはなかったと、親たちから聞いたのし」

ヒメ婆さんは今も、汗まみれで戦った父馬を、賞賛する言葉を伝えている。

馬は最大の財産だったから、村人は狼退治に必死だった。火縄銃や槍を持ち、罠《わな》をかけた。そうして殺した狼の神秘的な力を酒にしたのだろう。

狼酒の味

数日後、狼酒が縁の下から出たとの知らせが届いた。天にも昇る心地でとんでいく。どうか見せてという懇願を、ハナヨ婆さんがついに受け入れたのだ。

ハナヨ婆さんの沢に入ると、すぐそこに遠野郷の山々が雷雲の下に広がっていた。

こわいほど青黒い緑の波がうねっている。ああやっぱり、ここは山神や山人、山姥《やまんば》やカッパの去来する国のはずれではないか。見つめていると『遠野物語』の世界に吸い込まれそうになった。

『遠野物語』は遠野郷に伝わる伝説と民俗にいろどられて、動物の話も多い。明治の末に、遠野の人・佐々木喜善が柳田國男を夜な夜な訪ねて語ったものだが、読むたびにこの国の先人たちはこうであったかと深い感慨に打たれる。

深渡りに着くと、南部曲がり屋の玄関に長男の聖一さん夫婦と娘のフジ子さんが出迎えてくれた。フジ子さんは上背があるヒナには稀れなプロポーションの美人。思わず目を見張った。

母屋にはハナヨ婆さんがよそゆきに着替え、威厳をもって座っていた。

狼酒のカメは、母屋のコンクリートの露地の片隅に置かれていた。梨地色で丸型の古いカメで、八升くらい入るという。口はビニールの風呂敷で覆われ、紐で止めてある。

夏の日なのに、絶えず寒気のようなものがつきまとった。私の人生で、このような秘宝にまみえる幸運がまたとあろうか。震える手で風呂敷をはずす。

秘薬！　狼を漬けたものはカメの底に、どろりとした黒い液体となっていた。かす

狼酒を秘蔵していたハナヨ婆さん

かな匂いがある。けものの臭気ではなく、深田の土の香りのようなもの。かつては、酒のようなうわずみが八分通り入っていたが、家の建て替えの際に誤ってひっくり返したという。

「もしや、狼の頭骨が入っていないか？」

　ワリバシを借りて、こわごわかきまわす。カメの底に、黒い液体は一升ほどか。ねっとりとして、元は肉塊らしいものの手ごたえ。脂気はまったくない。狼の肉は分解し、発酵しつくしたようだ。

　残念ながら頭骨はなかったが、

「なんだ、これは？」

　コチンと黒い小石のようなものに当

たった。フジ子さんが汲んでくれた水で洗ってみた。

「骨だ！　狼の！」

はっきりとはわからないが、左前肢の上部のようだ。鈍刀で叩き切られたような跡がある。骨つきの肉のまま、無造作に酒にしたのだろうか。

骨はこれ一片しか出てこないが、執拗にかきまわす。おっと、白銀色に光る、ごわっとした毛が一本、暗いカメの底から現れた。狼の毛だろうか？　動物の毛が百年もの間、塩水の中で原形を保つものかと首をひねった。

「味わってみません？」

フジ子さんが、いたずらっぽい笑顔を浮かべている。

覚悟を決めて狼酒の名残りをなめてみた。

「むむっ、塩っぱい！」

このようなものが残っている北上高地に、深い畏敬の念がこみ上げてきた。


なぜ秘密に？


ハナヨ婆さんは、なぜあれほど狼酒を秘密にしたのだろう。

あの狼酒は、おそらく明治以前につくられたものだろう。その昔、病いを癒すために、ご先祖さまはさまざまな生き物を薬にした。熊の胆、猿の頭、鹿の角、青鹿のフン、マムシなど……、恐ろしい狼からも精を取った。

狼の切り取った骨肉の一片をカメに入れ、塩水を加えて心臓の薬としたのだ。切ないときには、小さな盃で少しずつ飲んだという。狼酒はこの地方にはまだ数ヶ所にあった。

藩政時代、野生動物はすべて殿様のもので、勝手に捕ることは厳禁だった。一頭の鹿や猪を捕っても、お役人にバレたら磔《はりつけ》などの刑になりかねない。そこでハナヨ婆さんの先祖は、秘かに手に入れた狼と、それでつくる薬の酒を「よその人には絶対に言うな」と口止めしたのではないか。狼酒はごく親しい人にだけは与えたが、他人には秘密にした。そこでハナヨ婆さんは代々の語り伝えをかたくなに守っていたのだ。

狼酒の発見は一つの運命だろう。滅びるものを愛惜する私に狼が微笑んだのかもしれない。

II　狼の民俗

昔の名前はオイノ

狼には悪者のイメージが定着している。世界的にも残忍なものの代名詞だ。しかし、中国で漢字が誕生したころ、狼は意外にも良いけものだった。そうでなければ、けものへんに「良」の字を当てるわけがない。

日本でも、中世のころは嫌われる存在ではなかった。狼の字を冠した地名が多く存在するのが、その証拠といえるだろう。

岩手県花巻市に狼沢《おいのざわ》という村があるが、ここは藩政時代、狼沢豊後守《ぶんごのかみ》という豪族の領地だった。この苗字は地名を姓にしたもので、その起源は室町時代に遡るという。苗字にするくらいだから、狼は悪者ではなかったはずだ。つわものというイメージではなかったか。

岩手県には同名の集落が石鳥谷町《いしどりや》（現花巻市）、雫石町《しずくいし》、江刺市《えさし》（現奥州市）、花泉町（現一関市《いちのせき》）、二戸市《にのへ》にあり、青森県の東北町にもあって、読みはいずれもオイノザワだ。このほかにも、狼峠、狼森、狼洞、狼岩、狼石、狼穴、狼窪、狼倉、狼志田、オイネガモリなど、「狼」にちなむ地名がたくさんある。どんなに狼が身近にいたかわかるというものだ。

江戸時代、天明八年（一七八八）に幕府巡検使の古川古松軒《こしょうけん》は仙台領の狼河原（宮城県東和町＝現登米《とめ》市米川）を旅し、

「狼がたくさんいる所だから狼河原と地名をつけたという。奥羽地方ではどこでも、狼をオイヌと呼んでいる。オオカミといえば土人はわからない」

と『東遊雑記』に書いている。地元の人はオイノガワラと呼んでいるが、狼は大きな犬だからオオイヌ、それがなまってオイノとなったという説もある。しかし、サルをマシ、アナグマをマミといったように、オイノは北東北の土着の呼び名ではなかったろうか。

西日本では狼をヤマイヌといっていて、これを狼と呼びはじめたのは京都人であると柳田國男は書いている。

『万葉集』に「大口の真神《まかみ》」という表現がある。大きな口の神から「大いなる神」、つまり大神＝狼となったもので、人々が神秘的な殺傷力を神のしわざと崇めたのが語源という。そこには現代の狼のもつ「血に飢えた殺し屋」のイメージはなかった。

古川古松軒は、前記の狼河原で次のようにも書いている。

「この辺は鹿が出て田を荒らすので、狼がいるのを幸いとするためか、上方、中国筋のようには狼を恐れない。夜中に狼に出会うときには、狼どの、油断なく鹿を追うて下され、と慇懃《いんぎん》に挨拶して通るのだと、土人が語るのもおもしろい」

これは「狼」がけものへんに良であることを思わせる話だ。オイノの読みがオオカミに統一されていくのは、明治の学制が敷かれてからではなかろうか。

三峰山の神の使いは狼

天変地異はもとより人命にかかわるような病いや事故に合ったとき、人々は神仏に助けを求めるのだが、昔は、なんと恐ろしい狼にも助けて欲しいと祈る人がいた。狼は良いけものであるばかりか、信仰の対象にもなっていた。

三峰山は埼玉県南西部、秩父山地南部にあって標高一一〇一メートル、全山ヒノキの古木でおおわれ、秩父多摩甲斐国立公園に属して山頂からの眺望はすばらしい。そこにある三峰神社は日本武尊《やまとたけるのみこと》が戦勝祈願をしたという伝説がある。

三峰神社は三峰山とも呼ばれ、神の使いは狼という。三峰神社の神主は、火難除け、盗難除け、交通安全、家内安全、商売繁盛、受験合格など、あらゆる幸せに神通力を発揮するという。悪病退散、特に憑きものを落とすのに霊験あらたかで、昔は近親結婚などの影響で精神を病む人は少なくなかった。そこで狼の頭骨を枕元において眠れば治るとか、狼の頭骨の骨を削って飲めば効くなどという迷信が生まれた。わらをもつかむ心理だ。

柳田國男は「遠野物語拾遺七十一話」の中で、「この地方で三峰様というのは、狼の神様のことである」と書いている。街道の目立つところにある「三峯山」と古い漢字で刻んだ石碑がそれだ。「天照大神」「南無阿弥陀仏」「馬頭観音」などと並んでいる。

また、狼の姿の入った護符＝お札を広めた。これを三峰山を信仰する人々は神棚に飾って拝むのだ。現在も関東、甲信越、東北地方から少なからぬ人がお参りに行く。

シシポイ小屋とお守り札

自然が生まれたままに美しかったころ、みちのくの山野には無数の鹿や猪がいた。どちらもシシと呼ばれたのだが、焼き畑や田んぼを作る山の民にとって、シシほどやっかいなものはなかった。せっかくの農作物を食われてしまうからだ。

青森県の八戸《はちのへ》地方では、猪の大群のために作物が食われて飢饉《ききん》がおき、寛延二年

（一七四九）には三千人の餓死者が出た。八戸藩がそのころ捕獲したシシの記録が残っている。

寛延二年の二月には七日間で猪八百四頭、十二月には四百四十六頭。

宝暦二年（一七五二）三月末までに捕獲したのは猪二千九百二十三頭。

安永三年（一七七四）三月五日までに捕獲したのは猪四十七頭、鹿五百三十九頭、三月十二日までに猪四百十八頭、鹿千五百頭。

すさまじいシシの数で、畑の緑のものは食い尽くされるありさまだった。

そこで人々は、畑のほとりにシシポイ小屋を建てた。シシポイとはシシを追うという意味で、夕方から小屋にこもってシシの監視をし、火を焚いて煙も流した。しかし、それでも作物を守ることは容易ではない。困り果てた村に、三峰山のお守り札を売って歩く行者がいた。

「三峰山を拝んでみろ、オイノさまがシシを追っ払うぞ」

村人は教えのとおり神棚に三峰山のお守り札を貼った。忽然と現れてシシを殺し、風のように消えるオイノの群れは、人々の目に大いなる神と映ったことだろう。

オイノはまた、困ったことに馬を襲うことがあった。腹を破られ血まみれで横たわる馬を見たとき、荒神さまのしわざかと人々は恐れおののいた。そうした村に教える行者がいた。

「三峰山をまつれば、馬は取られねえ」

そこで人々は、狼が荒れないようにと、お札を馬屋に貼り、あちこちに「三峰山」と刻んだ石碑を立てた。年号を見ると嘉永年間（一八四八～五四）のものもある。黒船が来たころ、狼の被害があったのだ。

三峰山の石碑は大抵の市町村にあり、海ぞいの大槌《おおつち》町には二十三もある。遠野市にも多く、馬頭観音や南無阿弥陀仏の石碑と並んでいる。そこは街道のほとりで、道行く人の休み場だった。人々は背の荷物をおろし、汗をぬぐいながら祈りも捧げた。

このように、みちのくでは狼を神として祀《まつ》るのと同時に、狼を追い払うためのさまざまな風習が生まれていった。

それは、狼が滅びたあとも継承されたが、もう消えかけたものも多い。そんな狼にまつわる民俗や語り伝えを探してみた。

狼の餅

東北新幹線が岩手県に入り、水沢江刺駅が近づくと、西側には北上川ぞいに穀倉地帯が広がり、東側には北上山系の低い山並みが移っていく。その山あい、ゲンジボタルや千手観音で知られる黒田助に、狼信仰が残っている。
村の長老、千葉長英さん（大正四年生まれ）によると、小正月（一月十五日）の夕方、村はずれの四つ辻に「狼の餅」を上げにいくという。

「今もですか？」

「はい。前には七、八軒で上げましたが、今は二、三軒に減りました」

はて、狼の餅とはどんなものだろう？

黒田助の狼の餅は、小正月の朝についた、一センチ角で長さが七センチぐらいの餅四切れという。それに凍り豆腐、凍《し》み大根、ニンジン、ゴボウに長芋などの煮しめを添える。支度をするのは母親で、わらにつつむのは男たちも手伝った。できた形は納豆のわらつとに似ている。

狼の餅を上げにいくのは暮れかかるころと決まっていて、その役目は子どもが務めた。多くは男の子だった。母親がわらつとを渡しながらいうセリフも決まっていた。

「上げ申したら、後ろを見るんでねえど」

「なして？」

「なしてでも。昔からそうしたんだ。早く行ってこう」

母親の顔はいつになくけわしく、子どもはぶるっとして出かけた。雪道はたそがれて通る人もない。狼が出るんじゃないか……。ビクビクしながら子どもは歩いていく。教えられた辻に着くと、子どもは雪の上にわらつとを放り出し、一目散に逃げ帰った。家の戸口にたどり着き「わあっ!」と叫ぶと、年寄りが聞いた。

「後ろを見なかったべ?」

「うん、見なかった」

子どもは息をはずませ、目を見開いていた。それで親たちは、代々つづく小正月の行事を無事に済ませたと安堵した。「狼よ、四つ辻から村のほうへは来ないでくれ」と、祈りを込めて狼の餅は上げられた。素朴でちょっぴり怖い民俗行事だ。

江刺市（現奥州市）の佐嶋与右衛門さんは、昭和二十年代に東和町（現花巻市）にある田瀬湖の西岸の村で、やはり小正月の晩に、道端の木の枝に狼の餅のわらつとが下げられているのを見たという。

送り狼

いつの時代でも夜道は怖いものだが、そのころは送り狼がいた。

一人でおっかなびっくり歩いてきて振り返ると、月明かりに大きな狼がついてくるのが見える。さびしい野道で、助けを求める家もない。こちらが止まると、狼も光る目をしてのっそり止まる。いつ襲われるかと、神経をすり減らした。

こんなとき、転んではならないと、ご先祖さまは戒めている。転べばその狼が襲ってくるからだ。もし石にでもつまずいて転んでしまったら、「どっこいしょ!」と叫ぶことが大事だった。狼は、人間が休んだと思って襲わないのだという。

そこで大迫町《おおはさま》(現花巻市)では、夜の客人が帰るとき、

「倒れねえでお出ましぇや(ころばないで行ってください)」

というのが送り言葉だった。お婆さんたちは最近までそういったろう。

オイヌボイ(狼追い)

大迫町の両川典子さんは、紫波町《しわ》佐比内の山深い所で生まれたが、昭和八年ごろ、小正月の朝、オイヌボイがあったことを覚えている。

作男が桐の木の生皮を螺旋《らせん》状に巻いて作った四、五十センチの筒を、ホラ貝のようにして戸外でボーボーボーッと吹いた。大きな物音を立てて狼を追い払う慣わしだという。

花巻温泉のある湯本村(現花巻市)でも、やはり小正月の払暁《ふつぎょう》、村人が桐の木で作った同じようなものをブウブウ吹いて「オイヌボイだぞ」といった。

青森県三戸《さんのへ》郡田子《たっこ》町池振では、一月十六日の朝、村中揃ってオイヌボイをした。『田子町史』によれば、「オイナ！　オイナ！」と叫んで固雪の上をオイノトまで追っていく。オイノトは隣りの集落の名で、同町山の神にある。オイナというのは、「オイヌよう〜」という呼びかけで、この声で狼は遠くへ逃げ去ると信じた。

乳狼

宮古市近内の鈴木栄太郎さん（明治二十年生まれ）は、物心ついたころ、親たちに注意されたという。

「オイノがふけったがら、外さ出るな」

ふけるというのは発情のこと。雌雄の狼が発情して、じゃれあいながら野山を走りまわるときは危険だったらしい。

子を産んで乳の張った狼はいっそう貪欲になる。大胆に馬を襲うので、藩政時代には「乳狼」と恐れられた。乳狼は岩穴や地中の穴で子を育てる。毎年のように決まった穴で子を産むので、そこは「オイノ穴」や「オイノクボ」と呼ばれた。

狼が馬や犬を襲うと、村人はオイノ穴を攻め、岩を崩したり土を掘って、三、四匹の子を生け捕ることがあった。

同じく田子町の関口澄太さんは、明治五年生まれの祖母から、「狼の子を生け捕ったとき、村人は三メートルもの深さの井戸のような穴を掘り、その底へ落とした」と聞いた。母狼はたそがれるとわが子を探しにやってくる。母性愛の強い彼女は穴の底で鳴く子に引かれ、ためらった末、飛び降りて乳を飲ませ、抱いて眠る。そうして村人は深い穴から出られない母狼も殺すことになった。

これは同町アマッコの平のこと。ここにも三峰山の石碑がある。

狼は犬を食う

狼は山国の農家の番犬を襲って食うことがあった。そのため、狼の気配がすると番犬は尾を股の間にはさんでおびえ、家の土間から外へ出ないものだった。

宮古市の佐々木恒男さんの父親（明治二年生まれ）は、山田町の金助ポラで、はらんでいた里犬が狼に食われ、腹わたが散らばっているのを見た。犬のむくろを取り囲んだ村人たちは語り合った。

「はらんでいたから、この犬はオイノに追いつかれたべ」

墓をあばく

馬捨《ます》て野という馬の墓場が、どこでも淋しい村はずれにあった。その死骸を狼が食べに通う。そこには馬の骨が散らばり、カラスの群れがいつも騒いでいた。狼は馬だけでなく、人家近くの新仏の墓も掘って、骨までガリガリ食うことがあった。そのころはみな土葬だった。

狼の魔除け

大槌町の佐々木孫蔵さん、恒蔵さん兄弟は明治も末の生まれだが、同町金沢の奥には、門口にすすけた狼の肢をぶら下げた家があった。それは狼のすねを叩き切ったものが二、三本で、毛ばだち、虫がつき、クモが巣をかけていた。「魔除けだといって、あちこちにあったものだが……もう知っている人もいまい」戦争が終わって家を建て替えるとき、「こんなもの、何の効きめがあるか」と、どこでも捨ててしまった。

オイヌさまの塚にお乳っこ餅を

渡辺文雄さんは明治四十一年、千厩《せんまや》町（現一関市）の草深い旧家に生まれたが、そこではオイヌさまの塚に、お乳《ち》っこ餅を二つ上げる風習があった。お乳っこ餅は、ふくらみかけた乙女の乳房を思わせる半球形に作られた愛らしい餅で、一つは白、一つは薄い小豆色だ。

オイヌさまの塚は七、八十メートル離れた裏山の干し草場にあり、高さ一・五メートルの築山ふうで、上に平らな石があった。そこに行くにはご先祖さまの墓石が並ぶ前を通る。上げにいくのは子どもで、やはり小正月十五日の暗くなってからだ。ここでも、

「餅上げて拝んだら、うっしょ（後ろ）見んなよ」

大人たちが真顔でいうので、幼い文雄さんはなにもかにも怖かった。

オイヌさまの塚というのは、狼を殺し、死骸を埋めて供養をしたものではなかろうか。

狼の胆

秋田の薬売りは、昔から胃腸の薬だと狼の胆《きも》を持ち歩いた。昭和四十年代にも重ねた箱の底から秘薬めかして取りだす者がいたという。狼が消えて百年もの歳月が流れて、狼の胆だと売り歩く者がいることは、詐欺というよりユーモアに近い。

人は犬や狼を食べる

岩手県の奥羽山系の奥地の村では、まだナイロン製品がない時代、炭焼きをする男たちはどの人も、作業の際に犬の毛皮を着た。茶色や黒や赤白まだらの毛皮を蓑《みの》のように羽織り、肩から背中をおおって雨や雪を防ぎ、防寒にも役立てていた。

この毛皮は飼っていた犬を殺して作り、その肉は家族みんなでおいしく食べた。食べれば体に力がつくことを知っていた。狼がいた時代、狼を捕えたときも同じだったろう。

オイノご祈禱

山深い金沢村（現大槌町）茂法《しげのり》の佐々木富蔵さん（明治三十五年生まれ）は、子どものころオイノご祈禱《きとう》をした。

旧暦五月十九日の朝、ヒエがらのつとを二つ持ち、子どもばかりで裏山に登る。つとには小豆まんまのおにぎりが二つ、まん中に生卵が一つ入っている。けわしい小道を一時間たどると尾根で、馬を放牧する草原があった。その一角にあるミズナラの巨木の前に柴で祭壇を作り、わらつとをあげて、

「狼さまぁ、稲荷さま、お支度をしてあげましたから受け取ってくださーい」

と三回叫ぶ。それから、

「そりゃ、狼が来た！」

後も見ずに走って帰った。狼が馬や人に害を与えないようにと祈ったのだが、ここでは狐がご神体の稲荷信仰と一緒になっている。

狼が消えたことは返す返す残念だが、ご先祖さまが狼を畏敬する民俗を残していたことは、せめてもの慰めだろう。語りつぎたいものだ。

III　ニホンオオカミの正体

北半球に広く分布

狼は、動物学上ではイヌ科に分類される。そのイヌ科の中で狼は最大、最強のけもので、アフリカ大陸を除く北半球の大部分に分布している。まったく乾燥した砂漠や高山の山頂を除く、ツンドラからタイガ、森林から草原に生息し、獲物がいれば半砂漠にも棲《す》んでいる。かつてはありふれたけものだったが、どこの国でも畜産を巡って人間とトラブルを起こし、滅びたり滅びかけた地方が多い。

その姿はエスキモーがソリ犬に使うハスキー犬にそっくりだが、大きさは地域によって違い、毛色も微妙に異なる。大きな雄はシェパード犬よりずっと大きい。ロシアのマガダン博物館に展示されていたシベリア産の剥製を見たが、これは巨大で頭胴（鼻先から尾のつけ根までの長さ）は一六〇〇ミリもあった。

ユーラシア大陸に広く分布するのはタイリクオオカミで、北アメリカのハイイロオオカミはその亜種という。しかし、北アメリカでは牛を襲うので駆除されたが、狼がいなくなるとイエローストーン国立公園ではエルク（アカシカ）が増えすぎて植生に悪影響が出た。それでカナダからのオオカミの導入が成功して復活しているという。エゾオオカミも北海道がサハリンと陸つづきだったころに大陸から渡来したもので、タイリクオオカミと同じという。

ニホンオオカミは本州、四国、九州に分布したが、ユーラシア大陸のオオカミより小型という。前肢はやや短くて胴は長めだった。詳細な調査の前に絶滅したので、頭骨の形の分析から、

「ニホンオオカミは、日本という島国独特の固有種」

というのが学会の定説となっていた。

ニホンオオカミの標本

ニホンオオカミの剝製は、日本には三点しか残っていない。国立科学博物館に福島県産のもの、和歌山県立自然博物館に奈良県産のもの、東京大学に岩手県産のものだ。常設で公開されているのは上野の国立科学博物館だけだが、これにはがっかりする人が多い。私も何度か見に行ったが、そのたびにため息をついて帰ってくる。

明治の初めごろ、福島県で捕獲された雌というが、大きさは中型の日本犬を細長く

したくらいの貧弱な標本だ。全身は淡赤褐色に褪色している。外見が悪いため昭和三十年代に作り直したというが、のっぺりした顔は直らず耳はぼさっと立っていた。ガラスの目はうつろで、狼の精悍さ、誇り高い野性はどこにもない。どこかとぼけた印象を受ける。

岩手県立博物館のハイイロオオカミ

　和歌山県立自然博物館のニホンオオカミは、国立科学博物館の標本より大きい。毛色は褪せたが、がっしりした四肢をしている。これなら馬を襲い、人間の子どもをさらったかもしれない。前肢には斑紋がある。尻尾は惜しいことに先端がない。

　明治三十七、八年ごろ、奈良県吉野郡十《と》津川《つかわ》村で捕獲されたものらしい。頭骨の最大長は二一九・二ミリでニホンオオカミとしては大きいが、目の上のくぼみはやはり浅い。下顎の第一大臼歯は二六

国立科学博物館のニホンオオカミ

ミリ。シェパードなどの大型犬でも二二ミリくらいだから、立派な狼といえる。この剝製は作りが悪かったので京都の専門家に改作させたが、顔は当時のままだという。これがゆがんでいるため狼ばなれして見える。

　東京大学のものは、農学部長室のガラスケースに飾られていた。和歌山の標本と同じくらいの大きさだが、こちらはもっといたんでいる。四肢が棒でも突っ込んだように不細工で、足首から針金が露出していた。耳はひしゃげ、鼻の上がくびれ、ひきつった口から白い歯がのぞいている。尻尾は根元からなくなっていた。剝製はたいてい骨をすべて取り除くが、頭骨はそのまま体内に使われているという。

　明治十四年六月、岩手で捕獲された雌というほかなにもわからない。全身けむくじやらだが、全身が褪色して黒ずみ、背中は褐色の差し毛に覆われている。肩から前肢にかけて褐色が濃く、胸は白っぽい。この狼にも前肢の褐色があった。

ニホンオオカミは今人気の秋田犬よりは少し大きいという。シェパード犬の雌くらいの体格をしていたろう。顔はシェパード犬ほどとがっていないが、日本犬より細長い。耳は小さめで三角に立ち、尻尾は下にたれていた。

誰もいない農学部長室で見つめていると、鼻の頭にしわを寄せ、重低音のうなりを上げる狼の顔が浮かんできた。牙をずらりとむき出し、琥珀《こはく》色の目に怒りをこめて、近づく人を脅したろう。大きな尾を振り、豪快にジャンプもしたろう。

お前こそ野山の守り神だったのに、いったいどこへ消えたのか！

シーボルトの狼

ニホンオオカミの剝製標本は、シーボルトがオランダに運んだものがライデン国立民族学博物館に保存されている。これが昭和六十三年に上野の東京国立博物館で開かれた「シーボルトと日本」展で展示された。大喜びで上京したが、ひと目見て、

「こ、こんなもの？　これがニホンオオカミ？」

思わず声を出してしまった。

かるがるとジャンプしそうな姿をしている。しかし、狐ほどの大きさで、全体がきゃしゃだった。これが熊より恐れられた動物の姿か？　全体に茶褐色で背から尾にかけては黒っぽい。とがった顔に黒い目、小さな耳が立っている。

小さいところを見ると、生後五、六ヶ月のコドモで夏毛の雌らしい。しかし、全身の毛皮はつやつやして、百六十年前のものとは信じがたいものだ。皮をなめしてオランダに運んで剝製にしたという。当時のオランダの技術の高さには感心した。

シーボルトは文政六年（一八二三）に長崎のオランダ商館の医師として来日。旺盛な好奇心の持ち主で、日本の歴史、宗教、美術、民俗、動植物などたくさんの資料を

ライデン国立民族学博物館に保存されているシーボルトの狼

オランダに送った。江戸時代の日本を記録した博物学者として忘れることができない。大阪の街頭で狼を買ったと『江戸参府紀行』に書いているが、それがこの狼なのかもしれない。

アンダーソンの狼

もう一点、ロンドンの大英自然史博物館にニホンオオカミの最後の標本がある。明治三十八年一月二十三日、奈良県小川村（現東吉野村）鷲家口《わしかぐち》でマルコム・アンダーソンが猟師から買った雄のニホンオオカミだ。

アンダーソンは若いアメリカ人で、ロンドン動物学会と大英博物館がただ一人東アジアに派遣した動物学探検隊員だった。探検といっても、動物標本の蒐集が目的で、費用はイギリスの富豪ベッドフォード公が負担した。

アンダーソンが狼を手に入れた鷲家口は、紀伊半島北部の交通不便な山あいの集落だ。二十数キロ南には原生の秘境として名高い大台ヶ原がある。

現地を訪ねてみると、今は東吉野村の中心部となっていて、渓流ぞいに二百戸ほどの家が点在していた。役場や旅館、商店もある。両側から急斜面でせまる山は、植林された吉野杉と檜におおわれている。天然の照葉樹林はほんの少しだ。明るい東北地方の山野に比べて、樹下の藪《やぶ》は深くて暗い。この山に、明治三十八年には鹿や猪とともに狼が残っていたのだ。

ここまで来たらアンダーソンの狼を見に行かねばなるまい。そこで平成七年の春、ひとりでイギリスまで出向いた。

ロンドンの大英自然史博物館はテームズ河畔のバッキンガム宮殿の近くにある。地下鉄サウスケンジントン駅の長い地下道を出ると、ゴシック建築の博物館が九階建てでそそり立っていた。ここは自然科学分野で世界有数の博物館で、さまざまな生命体が集められている。始祖鳥やドードー、ステップマンモス、シーラカンサスなどもある。

目指すニホンオオカミは、どんな状態で保存されているのかわからない。頭骨の写真や測定値は発表されているが、毛皮の写真は見たことがなかった。九十年も前のものなので、毛の抜けた皮だけの可能性があり、そう思わせる資料もあった。

アンダーソンの通訳をした金井清氏は東京帝国大学の学生だったが、後に、その狼は死後大分たったものらしく、腹部が青ずんでいたと書いている。腸が腐敗していたのだ。動物の蛋白質が分解をはじめたら、悪臭がして毛が抜けやすくなる。絶対にいい標本にはならない。

ロンドンまでやって来て無残な標本を見るのは残念だが、愚痴はこぼすまいと思っていた。最後のニホンオオカミは、どんな状態でも貴重だった。

博物館の中に入ると吹き抜けの大ホールで、世界最大の首長竜、ディプロドクスの骨格が黒光りしてそそり立っていた。全長二十六メートル。こんな怪物が地球上にいたのか、あんぐり口をあいて眺めた。

ロンドンの大英自然史博物館

大きな博物館は内部が複雑でひとりでは歩けない。迷子になってはことなので哺乳類のセクションに電話して迎えに来てもらうことにした。貴重な標本はどこでも一般公開をしていない。私は午前中に見学できるように許しをもらっていた。
ほどなく、ホールの奥から海老茶のセーターにピンクの上っ張りを着た若い女性が迎えに来た。マリー・シェルダンと名乗る。助手のようだ。バラ色の頬に青春のシンボルが散っている。

私の下手な英語に微笑みを浮かべて、

「私たち、お待ちしていました。じゃあ……こちらへ」

マリー嬢はサンダルばきで先にたった。恐竜の尻尾をまわり、ホールを横切って左手の通路に入っていく。すぐ売店があって、子ども向きの恐竜のミニチュアを積み上げている。通路の両側のガラスケースにはライオン、トラ、シロクマ、ハイエナなどの大きな剝製が並び、小中学生が群がっている。ボタンを押して解説テープを聞くようになっていて、腰掛けてノートを取る人もいた。

やがて、体育館のような大ホールに出た。クジラや骨格標本がいっぱいで、十数頭のイルカが空中高く泳ぎ、見事なジュゴンも浮かんでいる。さすがは子どもたちに夢を与える博物館！　あちこちに感嘆し、ともすれば遅くなる。お客さんを縫って小走りにマリー嬢を追う。

ホールぞいの狭い通路をたどり、階段をのぼって奥に行く。三階かなと思うところでドアに突き当たり、マリー嬢が鍵を出して開けた。ここから奥は一般客は立ち入りできない。後について暗い部屋に入る。目をこらすと、巨大な野牛類の頭骨が何百も浮かび上がった。通路を資料室にしているのだ。

やがて明るい廊下のような部屋に出た。両側はガラス戸の書棚で、右側に教室ぐらいの研究室が並んでいる。二つ目の入口で訪問者名簿に国名と名前を書かされた。

いよいよ狼の標本室に向かうのかと緊張していると、マリー嬢は研究室の中から四輪の手押し車を押してきた。ダンボールの浅い箱に黄褐色の毛皮が分厚くのっている。

「…………?」

「ウルフです」

「ええっ、これがアンダーソンのオオカミ?」

マリー嬢は、日本からの見学者のために、すでに別室から標本を運んでいた。

「そう、これがジャパニーズウルフ」

薄青い目でうなずいた。ひと目見てうろたえた。

「こ、これは仮剝製じゃないか!」

クマの敷物みたいな平らな毛皮を想像していたのだ。

アンダーソンのニホンオオカミは、台の上にシェパード犬が伏せた感じにのっていた。シーボルトの狼よりずっと大きい。出来たばかりのようにつやつやしている。思わずつぶやいた。

「……何という立派な標本だ！」

伸ばした左前肢の上に顎をのせ、右肢は少し横に開き、後肢は伸ばして前へ倒している。乾いた黒い鼻先が前を向いて耳は伏せている。目の部分の穴から木製のパッキングがのぞき、その穴から口にラベルの紐が通っていた。

哺乳動物の標本は、義眼を入れ、本物そっくりな姿態に作る本剝製と、義眼は入れずに一定の形に作る仮剝製に分けられる。本剝製は、生態を見せるためのもので製作に時間がかかる。仮剝製は、頭から胴に、剝いた肉に見合う詰め物をして長四角に形を整える。手足をきちんと前後に揃え、尾をまっすぐ伸ばすことが多い。製作は容易で短時間に作ることができる。収納もたくさんの標本を比較研究する研究所や博物館ではほとんどを仮剝製にする。便利で標本としての寿命も長い。

案内してくれたマリー嬢とアンダーソンの狼

ただ、仮剥製にするのはネズミやモグラ、リスなどの小動物に限ると思っていた。まさか狼のように大形のものを、仮剥製にするとは思わなかった。アンダーソンの時代に、このような標本の製法があったとは！

廊下部屋の片側の長テーブルにマリー嬢は狼を抱いてきた。外来者はここで見ることになっている。テーブルに狼を横たえて、マリー嬢は「オーケー？」と訊く。オーケーとうなずいて最敬礼する。マリー嬢は笑って研究室に入っていった。

もっとも狼らしい標本と対面

さあ、もう誰もいない。薄いゴム手袋をした手をそっと出し……触ってみようと思うが手が動かない。黄褐色の地に黒い差し毛の混じった見事な冬毛だ。当時の毛色そのままなのだろう。ほとんど褪色してはいまい。

大きさは、中型日本犬よりひとまわり大きい。少し細いがハスキー犬のサイズだろう。灰褐色のハイイロオオカミに比べ幾分赤みが強い。後頭部から背中にたてがみのような長毛が生えている。はて、岩手の地犬にもよく似た毛色のものがいたのを思い出した。

正面から頭を見ると、両目の間に黒っぽい逆さ八の字がある。怒ってうなり声を上げたときにはアクセントになったろう。鼻筋から目のまわり、額のあたりまで黄褐色で模様はほとんどない。目のまわりと頬がうっすら灰色を帯びている。耳は後ろに伏せている。小ぶりで立っていたものだ。耳の前縁も少し黒い。

この仮剝製は、鷲家口の宿屋でまさにアンダーソンが作ったものだ。

ラベルには「Collection's No.225」とあり、測定値は「H＆B（頭胴）900、T（尾長）335、HF（後肢）190、EAR（耳）85」とあった。単位はミリ。ニホンオオカミで正確な外部測定値のわかっているのは、後にも先にもこの標本だけだ。

ちなみに頭胴というのは、標本にするものを平らな所に仰向けに寝せて、鼻先から尾の付け根までの長さを計った数値。九〇〇ミリというのは、ニホンオオカミとしては小柄なほうだろう。まだ成熟していない雄だったようだ。ロシアの最大のものは一六〇〇ミリもある。

うやうやしくひっくり返して腹部を見た。やや短毛で喉は白っぽい。胸にひとかたまり黒褐色の毛があった。腹中線から前肢の脇にYの字にメスを入れて胴を抜いた跡がある。縫い目から木屑のパッキングがのぞいている。パッキングは木材を削った細い繊維だ。

問題の下腹部はきれいで、腐敗のきざしはまったくない。殺して間のない、新鮮な

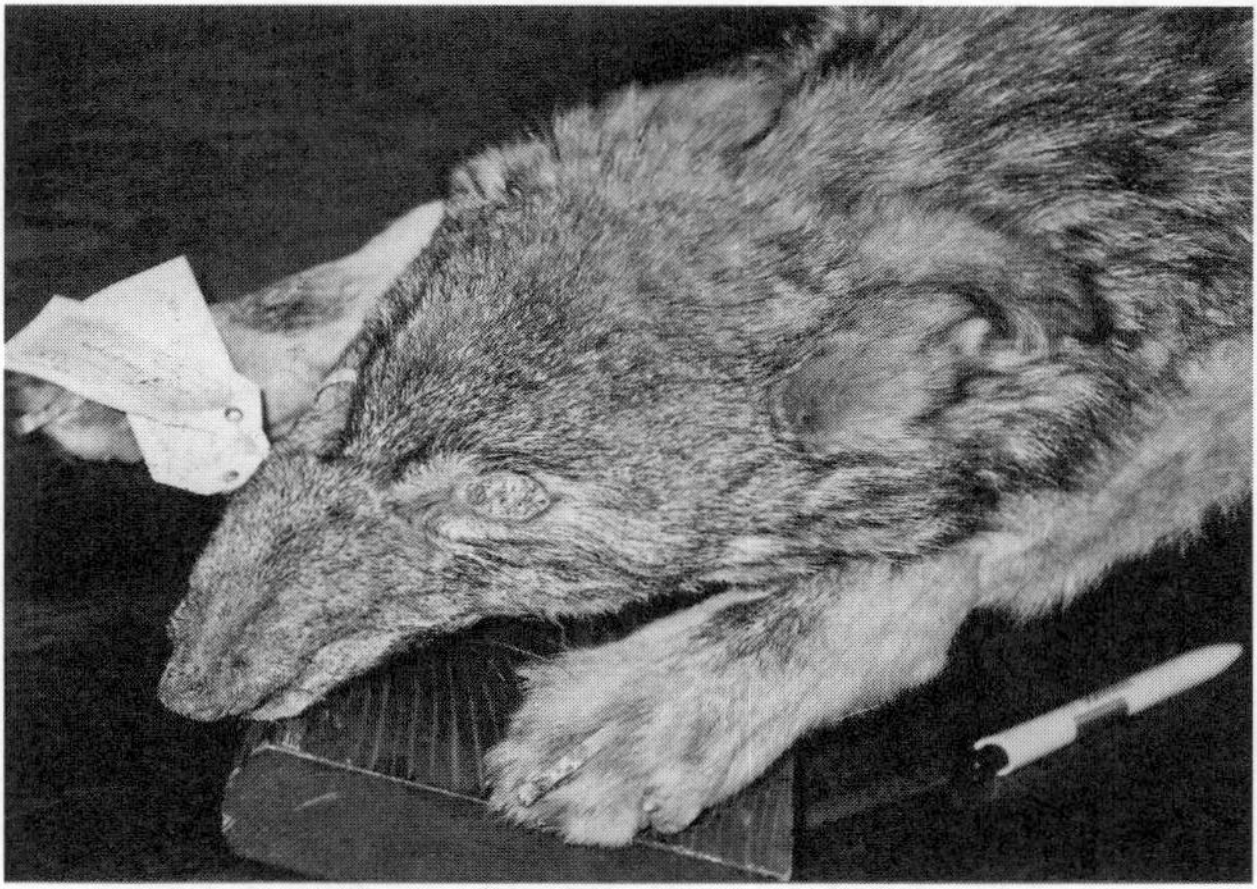
アンダーソンの狼は仮剝製で保存されていた

ものを剝製にしたものだ。これはどうしたことだろう。

ふと、尻尾が短いのに気がついた。根元から一八〇ミリほどでぷっつり切れている。あわてて研究室のマリー嬢を呼んで、尻尾を指差した。

「ブロークン（破損しています）」

マリー嬢はきびしい顔になった。もう一人、研究室から中年の女性も出てきて、マリー嬢と言葉をかわし、切れた先は行方不明という。残念としかいいようがない。

気を取り直して狼に向かう。四肢は背中より明らかに白っぽい。その前肢の前面にくっきりと褐色斑がある。これもニホンオオカミの特徴だ。

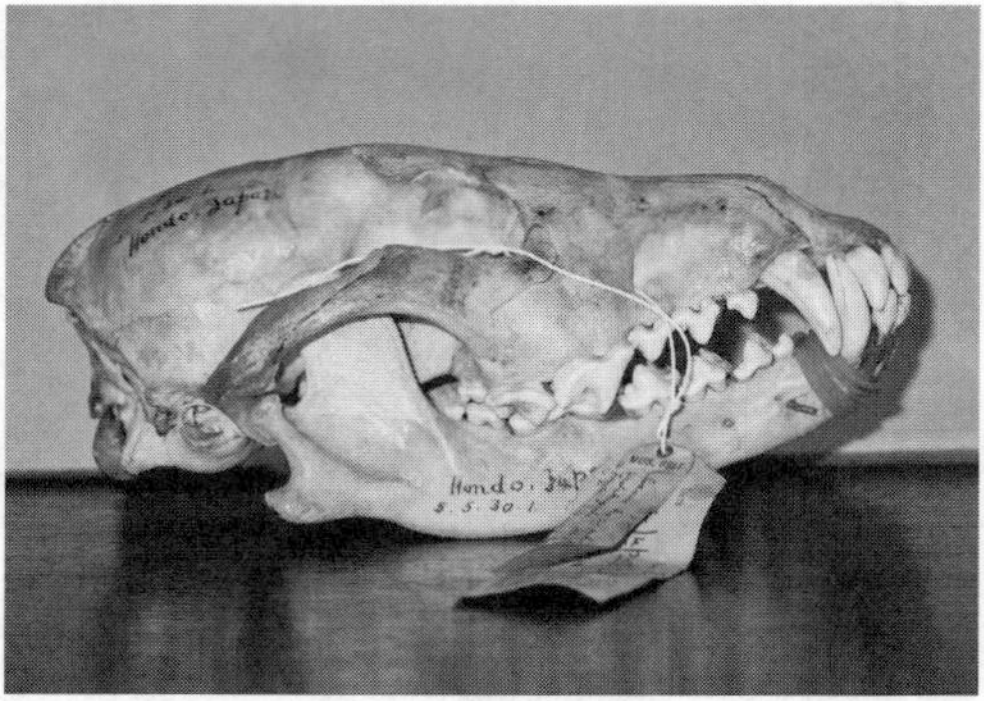

アンダーソンの狼の頭骨

太い肢にがっしりした指、そこに黒い頑丈な爪。肢の裏の皮もよく発達している。飼い犬よりたくましい。

頭骨は全長一九〇ミリで飴色を帯び、弾痕や破損の跡はどこにもない。若い狼といわれているが、頭蓋骨の縫合線の化骨は未熟だった。一歳未満のものか。

しかし、牙は十分大きくて鋭い。狼の特徴となる下顎の第一大臼歯は二六ミリある。これは立派な狼だ。下額をはずして見ると、上の左の前臼歯が三本抜けたままだ。折れた尻尾とともに惜しまれる。

頭骨を横から見ると目の付近の出っ張りは浅く、ほとんどストレートだ。アンダーソンは細長い顔という印象を受けたろう。

静かな廊下でじっと見つめていると、さまざまな思いが去来した。日本に残る三体の剥製標本は、いずれも毛色がさめている。シーボルトの狼はジャッカルのようだ。

それに対し、アンダーソンの狼は、もっとも狼らしいもの。ロンドンまで来て、とうとう本物に出あった！

通訳の回想「日本で捕れた最後の狼」

ここで、アンダーソンの通訳をした金井清氏が『満洲生物学会会報』に発表した論文を紹介してみよう。アンダーソンが狼を入手してから三十三年後の昭和十四年に書いたものだ。

「十二月二十一日、立川の飛行場を出発した飛行機は、今まで乗った内で最も低い高度をとって飛行した。富士山に近いコースであるから雪を頂いて雲の上に浮いている富士山の美《うる》わしい姿を思うまま楽しむことが出来た。奈良県での上空でふと下を見下ろすと、杉林の密林である。その時、三十三年前この杉林の中の鷲家口の宿に、マルコム・アンダーソンと二週間ばかり滞在して多くの動物を採集したことを思い出した。

鼠や鼬鼠《いたち》や貂《てん》や兎などを採集している間は無難であったが、猪や鹿、青鹿《あおしし》などを買って皮を剝くようになると、宿の芳月楼の主人から穢多《えた》を泊めるつもりはなかったと大分苦情をいわれた。穢多とは牛馬の死体を処理したりする賤民のことだ。

或る朝、鼠を剝製にしていたとき、三人のたくましい猟師が一匹の狼を担いでやってきた。我等の滞在は近村の話題に上り、種々の獲物を売りに来た。確か十数円の値段に対し四、五円を値切ったと記憶している。アンダーソンの顔は垂涎万丈の表情があったので、猟師たちもそれを読んだのだろう。アンダーソンはその時予定以上の獲物を買ったので帰りの旅費がなくなって、僕の貯めた月給を貸してやっと帰れたのだった。

猟師たちは僕の値切ったのに対して、狼が高価であるという説明は、皮のみの値段でなく、その胴体が黒焼の薬として価値あることを主張した。だが我等の必要とするところは皮と頭蓋骨だけである。その他は猟師に与える条件を出した。猟師は然らば値段は引くが、胴体だけでは狼である説明にならぬから、片肢を付けてくれとの要求である。これでは我等の標本にならぬ。猟師達は評議の結果、胴体と共に肢の爪一本を欲しいというところまで譲歩してきた。僕は猟師共が結局僕のつけた値で売るものと目安をつけておった。

杉林の中の日あたりのいい宿屋の縁側に初春の日光を浴びながら、長い時間かかっての談判である。一本の爪を付ける事も拒絶した時、猟師たちはとうとう狼を肩に担いで立ち去ってしまった。

この時のアンダーソンの失望は言語に絶するものだった。元来無口のアンダーソン

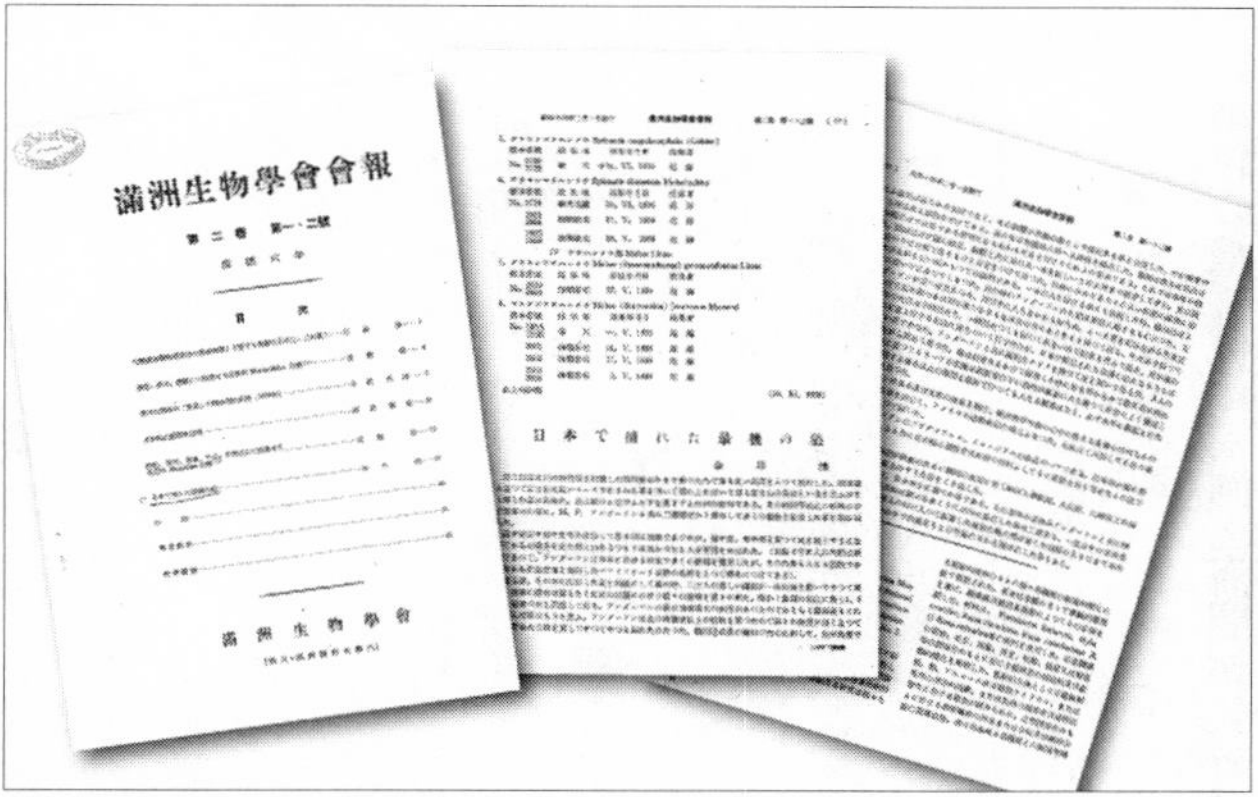

金井清が論文を発表した「満洲生物学会会報」

が買えば良かった、再び手に入らないかも知らぬ、と一人言をいいながら片足立てて縁側に腰かけていた顔つきは、三十三年後の今日もなお僕の目にありありと残っている。

今に帰ってくると断言していた僕は、半時間たち、一時間たっても帰って来ないのでやや気をもんでいた。ところが案の定帰ってきて、僕の正当と信ずる値段に落ちついて買ったのが、日本で採集された最後の狼になろうとは、当時、想像も及ばないところであった（筆者注・八円五十銭だったという）。

アンダーソンと鋭利なナイフを持って皮を剥いている間、三人の猟師は煙管《きせる》を吸いながら眺めておった。腹はやや青みをおびて腐敗しかけているところからみて、数日前に捕れたものらしい。剝製に当たってもう一つの記憶は、頭蓋骨の下の筋肉が家畜の犬と異なって非常によく発達している。仮に狼と格闘する場合はこの眉間を棍棒で打っても大なる被害はなく、必ず水平にこめかみ打たざるを得ない事を痛切に思った。

その翌年の夏休みアンダーソンとともに樺太に採集に行った時は、彼の地には狼はすこぶる多くて、三メートル以内に接近したことは二度ある。一度は今の首府豊原から十数里西のロシア人引揚後の無人の村に入って露営した最初の晩に、開け放した部屋の入口まで来たこともあり、第二回目は更に西方の山中で白昼足元から飛び出したこともある。

その後、アンダーソンは日本及び支那の採集をつづけ、欧州戦争中、彼の心中に燃えてくる愛国心は何らかのかたちで戦争に参加することを決意し、アメリカの造船所の職工となった。元気よく出勤して不慮の事故にあい、夕方には死骸となって帰った。

この日本最後の狼はロンドンのブリティシュ、ミュージアムの珍品の一つである。近来、わが国において秋田犬の研究が盛んになると共に、この狼の頭蓋骨は好個の材料として、その模型を取り寄せたとの話である。

この日の飛行機は福岡上海間が欠航のために福岡の旅館において、福岡大学教授、大島廣、江崎悌三の両君と水たきを囲みながらこのような話を繰り返した」

新鮮なニホンオオカミだった

さて、アンダーソンが購入し、ロンドンへ送ったニホンオオカミが、日本最後のものという評判が立ったのは、いつのことだろう。

金井清氏は東京帝大卒業後、鉄道関係で活躍し鉄道院書記官になった。やがて大陸に出て満鉄の重要な地位についたが、社交的で同窓の学者との交流はつづいていた。だから昭和十四年になって、金井清氏は同窓の動物学者に頼まれて『満洲生物学会会報』にリポートを書いたのだ。

鷲家口で、アンダーソンは大切な捕獲状況の聞き取りを怠っている。研究者としては惜しいことをしたものだ。また、狼は腐敗しかけていたというのは金井氏の記憶違いだろう。宿で彼らは青鹿、鹿、猪、狸なども剥いたのだ。

しかし、腐敗しかけていたという説を裏付ける情報があった。動物学者の上野益三氏が「鷲家口とニホンオオカミ」(『甲南女子大学研究紀要5号』)に次のように書いている。

鷲家口の古美術商亀屋主人亀井恭三氏の談話で、同氏の先代が聞いたという。

「アンダーソンが手に入れた一頭のニホンオオカミは、果たしてどこで獲られたのであろうか。近年トラック輸送がはじまるまでは、鷲家口に集まった杉材や檜材は、筏《いかだ》に組んで高見川を流し、さらに吉野川を下して、上市《かみいち》等まで運んだ。鷲家の谷と大又の谷とが合して、高見川となるあたりに、秋の彼岸過ぎに川を横断して堰を設ける。その上流に水がたまってダム湖のようになるのを待って、その湖上で筏を組む。そして、堰を切り放水とともに筏を流す。これを繰り返し、春にアユが遡上するまでに堰を撤去するのが習わしであった。

アンダーソンが鷲家口に来た年の一月上旬は寒気が厳しく、堰の上流まで氷が張っていた。そこで筏組作業中の男らは、突如一頭の鹿が狼に追われて杉林から走り出てくるのを見た。追い詰められた鹿は氷上に乗り、氷を突き破って足をとられ、追って来た狼も氷に足の自由を奪われた。

三人の男らは有り合わせの得物を振るってこの狼を撲殺した。そして屍体はそのまま打ち捨ててあったが、外国人が獣を買うというのを聞いて担ぎこんだのだという」

この談話を紹介した上野益三氏は、この地には猟師を副業とする者が多いから、アンダーソンの前に現われた三人は筏師だったかもしれないといっている。

「アンダーソンの狼の頭骨は、今、大英博物館（天産部）の所有である。毛皮も同館の所有であろうが、筆者はその詳細を知らない。屍体が運びこまれたとき、すでに腐りかけていたのだから、毛皮は完全な状態で保存されなかったのかも知れない」

ここでは、外国人が獣を買うと聞いて、捨てておいた狼を筏師たちが担ぎこんだとしている。しかし、狼の黒焼きが高価なことを知っている男たちが、狼を捨てておくだろうか。

アンダーソンが狼を剝いている間、男たちが煙管をくわえて眺めていたのは、肉をもらうために待っていたのだ。また、叩き殺せばたいてい起こる損傷が頭骨に残っていない。このことから、鹿を追って氷の川で殺されたという談話は、どうかなと思わせる。

上野益三氏はアンダーソンが標本に付けたノートを紹介している。

「The Wolf was purchased in the flesh, and I can learn but little about it. It is rare, some say almost extinct. Japanese name "Okami" or "Aamainu"」（原文のまま。アンダーソンはYamainuと書こうとした）

「文中、"in the flesh" とあるのは、皮だけを剝いて買ったのではなく、肉つきのまま、つまり屍体で手に入れたことを記録したのである」

と解説している。つまり、アンダーソンは、次のように書いたのだ。

「肉つきのままニホンオオカミを買った。私はそれについて少ししか学ぶことができなかった。ニホンオオカミは稀である。ある人は、ほとんど絶滅したといっている。日本名はオオカミ、またはヤマイヌである」

アンダーソンの狼は、一匹狼ではなかったろう。明治三十七年の春生まれの若雄で、生みの親たちの群れで暮らしていた。しかし、オトナの狼に比べていまひとつ警戒心が薄くて命を落としてしまった。群れには両親や数頭の兄弟がいた。彼らはアンダーソンの狼を失ってから、いっそう警戒を強めた。そうして明治三十八年以降も生きのびたろう。

ちなみに金井清氏は、後に郷里の諏訪市の市長を二期務め、昭和四十一年に八十二歳で亡くなった。

IV 狼の生態

犬の先祖

動物学上では同じイヌ科に属する狼と犬、それを識別する決め手は頭骨の形にある。頭骨を横から見たとき、犬は鼻から額へのカーブがガクンとくぼんでいるが、狼はほぼストレートだ。もう一つの決め手は歯で、犬は上下がほぼ同じ大きさなのに対し、狼は裂肉歯《れつにくし》（特に下顎の第一大臼歯）がグンと大きい。

狼と犬はひどく相性が悪くて、犬はたいてい狼を恐れる。狼は犬を殺して食べてしまうことがあるのだから、とても同じ種とは思われない。しかし、飼育下では狼と犬の間に繁殖力のある子ができる。

これは遺伝子が共通で、狼と犬が同種であることを示している。犬は四百種以上のさまざまな品種に分化したのだが、祖先をたどれば狼に行き着く。

では、その犬の祖先がどのようにして人間に飼われるようになったのか。

人が家族で採集狩猟生活をしていた旧石器時代（一万年以上前）のこと、狼の群れは人の住む半洞窟やキャンプのまわりをうろついて、ゴミためから骨付きの肉をあさるようになったろう。日が暮れると、人の天敵だった猛獣がキャンプに近づくことがあった。そのとき、狼は警戒の声をあげて人を助けることがあったろう。狼は暗闇では目の見えない人間の用心棒となったのだ。

また、雌狼の中には人の住み家の近くで子を産むものもあった。するとその子狼をオモチャにする子どもがいたろう。目が開いたばかりの子狼はペットになって、子どもたちのいい遊び相手になった。

狩りに連れていけば、逃げ足の速い兎や鹿を嚙み殺して働くことがあったろう。その獲物を人と狼は分け合って食べた。

こうして、狩人たちは複数の狼を飼うことになった。そして、長い共生の間に突然変異があって狼は小型化し、裂肉歯も小さくなった。人間は犬という最良の友を手に入れたのだ。

その犬はうれしいときにはちぎれるように尾を振り、叱られたときには耳と尾をたれて萎縮する。親しい人の死には長く尾を引いた遠吠えをすることもあった。仲間としての絆を守り、人を愛し人に愛されるようになったのだ。

家犬の骨は古代遺跡から発掘されている。日本列島では一万年くらい前の縄文時代のものが最も古い。柴犬と同じサイズの小型犬だ。弥生時代になると、ひとまわり大きい中型犬の骨が出るようになる。朝鮮半島からの渡来人が連れてきたものだ。大陸では西南アジアの遺跡で発見されるイヌが古く、国立科学博物館の篠田謙一さんによればおよそ三万三千年前という。

群れを率いるアルファ狼

ニホンオオカミの生態は、残念ながらわかっていない。しかし、現存する大陸の狼と大きな違いはなかったと思われる。大陸の狼のように雄が雌よりも大きく、ボスの狼は強力だった。社会性が強く、群れを率いて縄張りを守り、コドモたちを育てた。

海外の狼の研究者は、狼の群れを支配するボスの雌雄をアルファと呼んでいる。アルファたちは夫婦の関係にある。彼らをトップに群れには強さの順位があって、下位のものは上位のものに服従する。集団で生きていくには規律が必要なのだ。

アルファの下には数頭のオトナの狼がいた。彼らの多くはアルファのどちらかと兄妹だ。次に、アルファのコドモたちの若いオトナ、それに一歳未満のコドモがいる。ときには、よその狼が一頭入っていることもあった。そこで一群の数は、夏にはコドモを入れて十頭くらいだった。冬の群れは六、七頭だ。この家族からなる一群を研究者はパックと呼ぶ。

　順位は激しいケンカで変わり、アルファ雄でさえしばしば交代する。アルファ雌の多くは五、六年その地位にいる。アルファの雌が年老いたり、事故にあうと、上位の雌がアルファの地位につく。雌同士では激しい争いは少ない。

　どの狼も下位の狼の前では尾を高く上げ、悠然と歩く。下位のものに向かって鼻の頭にしわを寄せて威嚇し、首から背中の毛を逆立てることも多い。下位のものは上のものに対して耳を後ろに引き、尾を股の間に挟んで目をそらす。また、しばしば尾を振り、頭を下げて挨拶をする。上位のものの口をなめたり、あおむけになって腹をさらけ出すこともあった。これは服従の姿勢だ。

　一つのパックの縄張りは百平方キロ前後で、鹿の群れを頼りに暮らしていた。鹿の数が少なくなると縄張りは二、三倍の広さになる。群れがたむろするホームサイトは、水辺の近くの丘や斜面で、背後は森だった。そこからは大木の混じる森と草原が見渡せる。狼のコドモたちは、そこで遊んだり取っ組み合いをしたり、休息したり眠ったりした。

　狼は夕方と夜明けによく遠吠えをした。一頭が吠え出すと、メンバーのすべてがそばによって吠えた。遠吠えは狼族への大切なコミニケーションだ。それは野づらを渡って数キロ先まで届く。すると離れていたものが答えたり、対立するグループが敵意を見せて、緊張が高まることもあった。

ホームサイトから出かけるのは、一頭だけのこともあれば二、三頭のこともある。彼らは戻ってくれば挨拶を交わす。挨拶が群れの絆を固めるのだ。下位のものはクンクン鳴いて甘えることもある。夫婦の狼は繁殖期でないときも親密に挨拶を交わし、寄り添うように並んで歩く。

揃って狩りに出かけるときには、アルファ雄が先頭に立つ。アルファ雌がつづき、後ろに順位の低いものが一列に並ぶ。慣れた巡回コースをもっていて、そこを二、三週おきにパトロールする。狼の歩き方は駄く足という速歩で、この足並みで彼らは一晩中進むことができる。

目立つ石や木の根があれば、狼の群れは立ち止まる。そこはサインポストで、アルファ狼がちょっぴりずつ尿をかける。つづいて残りの狼たちも、その横に数滴の尿をひっかける。これはマーキングで、よその群れに侵入するなという警告だ。アルファ雄はサインポストに糞をすることもある。マーキングは隣りの群れとの境で頻繁になる。

狼の狩り

狼は、数キロ先の鹿の匂いを嗅ぎつけ、散らばってこっそりと近づき、機を見て全力で追いはじめる。鹿はお尻の白い毛をパッと開いて後ろの仲間に見せながら、かるがると蹄《ひづめ》で地面を叩いて逃げていく。健康な鹿にとって狼は恐れるに足らない。

狼たちは、元気な鹿は見分けてあきらめる。健康なものを見逃すのは肉食獣の掟という。どんなに飢えても、獲物たちが滅びるまで攻めることはないらしい。生態系の頂点にいて、狼は自分の分を守っている。

しかし、獲物のどこかに異常が見られると狼の追跡は執拗になる。群れで追えば、鹿を仕留めるチャンスは高まる。狼はジャンプして首や脇腹に食らいつき鹿を倒す。すると仲間が駆けつけて息の根を止める。

獲物が動かなくなると、アルファ狼が腹を食い破り、湯気の立つ内臓を食べる。つづいて順位の上のものから、大きな牙や歯でバリバリと肉や骨を嚙み切る。仲間に取られないように持ち運び、ほとんど嚙まずに、五、六キロの量を飲み込む。満腹すると、狼たちは満ち足りてホームサイトにもどって日向ぼっこをし、毛づくろいをしてうとうと眠る。

狼のパックは、週に二回ほど大型の獲物を倒さなければ飢えてしまう。鹿などの骨付きの大きな肉が必要なのだ。

そこで空腹になれば狩りに出るが、狩りはいつも成功するわけではない。とりわけ冬は狼にとって試練だった。獲物が見つからず、氷雨でずぶぬれになれば弱いものは死ぬ。

発情期になると

早春の二月、アルファの雌狼に発情期が訪れる。犬は一年で発情して子を産むが、狼の性的な成熟も犬と同様という。雌狼の性器が充血してふくらみ、少量の出血がある。雌は雪の上に尿を巻きちらし、雄にじゃれついて性器の匂いをかませる。雄は雌の媚態や刺激がなければ性行動を起こさない。その気になると、雌の性器をなめ背中の毛もなめてやる。

交尾の際は、雌が雄にお尻を向けて立ち止まる。雄は雌の上に前肢をのせてマウントし、ペニスを挿入する。次に雄は交尾したまま前肢をおろし、たがいの尻と尻をくっつけた格好になる。交尾はそのまま三十分以上もつづく。ペニスが膨張して抜けなくなるからだが、これはイヌ科動物に特有のもので、射精が終わるとペニスは抜ける。

発情は二週間くらいつづいて、アルファたちは群れのメンバーが見守る中で何度も交尾する。交尾の主導権は雌がにぎっている。雌は近親交配を避けて兄弟や息子を受け入れない。地位の低い雄とも交尾することはないらしい。

この間、下位の雌が発情しても、アルファ雌が攻撃したり邪魔をして交尾を許さないという。群れの中で子を産むのはアルファ雌一頭だけ。肉食の狼には、増えすぎないように抑制が働いているのだ。妊娠期間は犬と同じく六十一日から六十三日という。

子育てと旅立ち

出産は四月から五月だった。アルファ雌は土中に二〜四メートルの穴を掘るか、岩穴を巣にし、ここで子育てをした。

生まれた子は閉眼で、耳はたれ、ぬれたビロードのような綿毛につつまれている。ひと腹の子の数は四頭から七頭くらいだった。母狼はコドモを暖め、乳を飲ませ、定期的にお尻をなめてやる。その刺激で幼獣は排泄するが、母親はその排泄物もきれいになめる。

最初のうち、巣穴のコドモに近づけるのは父親のアルファ雄だけだ。父親は狩りに出て鹿などを倒すと、その肉を食べて巣穴に戻り、生肉を吐き戻して子持ちの雌に与える。母狼はコドモに乳を与えながら、それを食べて穴にこもる。

オトナは巣に近い見晴らしのいい場所で、外敵の接近を警戒する。危険がせまれば鋭い声で母狼に警戒信号を発した。狼たちの多くは人を怖がり、人に見られたと感ずると、母狼はコドモを一頭ずつくわえて別の巣に移す。巣は数百メートル離れた所にもう一つ二つ掘られている。

二週間ほどでコドモの目が開くと、母狼もコドモをおいて群れの狩りに参加する。ときどき戻ってきて乳をやるが、四週目くらいから離乳をはじめる。母狼が生肉を飲み込んで帰ってくると、コドモは駆け寄り甘えながら口元をなめる。すると母狼は半ば消化した肉を吐き出して食べさせる。

狼はコドモに食べ物を与えようと必死に獲物を探して駆けまわる。やがて、コドモは穴の外に出るようになる。しかし、母親の危険を告げるサインがあれば、素早く巣穴に隠れた。このころからコドモたちへの給餌は群れ全体になる。狩りから帰った狼たちは生肉を吐き戻してコドモたちに与える。育ち盛りのコドモはそれをむさぼり食って急速に育つ。

子狼には満腹して眠ることが必要だった。群れの狼たちは、暇があればコドモたちの全身をなめてやる。するとコドモたちは寝ころんでうっとりと目を細めた。

母狼の授乳は生後十週ほどで終わり、コドモたちは肉食だけになる。彼らの絆は、家族で集い、遠吠えの合唱をし、じゃれあって遊ぶ中で結ばれる。こうしてみると狼は血に飢えた殺し屋ではない。仲間思いの家族的な動物だ。

一方、野山の鹿は若草が萌える五月の二十日過ぎから六月に一頭の子を産む。背に白い斑点を散らしたかわいい子鹿だ。しかし、狼たちはその子鹿を狙うように子育てをする。この時期は藩政時代に「乳狼」と呼ばれたように、狼たちは必死に狩りをする。毎日のように獲物を倒してコドモたちに肉を運ばなければならないからだ。

雌鹿は育ちのいいものは二歳で、三歳以上になれば子を産み、十歳くらいまで毎年産みつづける。しかし、生まれた子鹿の半数以上は秋までに狼に食べられたろう。そうでなければ鹿が増えすぎて野山の緑は食い尽くされる。緑が減ると鹿たちの体格は貧弱になり、子鹿の多くは冬に餓死する。

狼のコドモたちは満腹すると身を寄せ合って眠り、目覚めるとじゃれあって楽しそうに遊ぶ。骨や大きな鳥の羽根をくわえて奪い合う。すると若い狼たちもコドモの相手をして、追いかけっこをし、取っ組み合いをして遊ぶ。これは狩りやケンカのトレーニングでコドモたちには必修だ。子育てを手伝う若狼は一、二歳のムスメ狼のことが多く、ヘルパーと呼ばれる。彼女らもこうして育児を学ぶ。

三ヶ月もすると、コドモたちはオトナについて歩きはじめる。コドモたちは臆病で、ひっくり返った木の根とか、異様な石などにビクつく。そこで行動をともにしながら、オトナたちから何が危険なのかを教わり、避け方を身につけていく。それから獲物の追跡や、殺し方、引き裂き方などを学ぶ。

このように、狼は群れ全体でひと腹の子の面倒を見るが、コドモの生存率は低く、半数以上は冬を越せずに死ぬらしい。しかし、生き残ったコドモの成長は速く、一年たつと成獣に近い大きさになる。

若狼には群れに留まるものと、一匹狼になって旅立つものがある。しかし、一匹狼は見知らぬ狼の群れに噛み殺されたり、人間の鉄砲で撃たれたり、毒餌や罠《わな》にかかることもある。群れにいれば逃れられる危険を避けられずに命を失うのだ。それでも幸運なものは、新しい場所で相手を見つけてペアを組む。

狼は、ケガをして歩けなくなった仲間のために長いこと食べ物を運ぶという。また仲間の死には深い遠吠えをして悲しむという。このようなことをするのは人間以外では狼だけだ。

病気になって弱った狼は順位が下がり、やがて群れから落後する。一匹狼になって頭をたれ、群れの後をとぼとぼ歩く。群れの食べ残しなどをあさるが、飢えてやせ細り、よろよろしてやがて死ぬ。

ハイイロオオカミの寿命は十五年といわれる。ニホンオオカミは狼としては小柄だったから、それより少し短くはなかったろうか。

V　江戸時代の狼

岩手に千頭の狼

ニホンオオカミの標本を見たり、生態を調べたりしているとき、狼が消えてしまったことを嘆きながら、宮古市の鈴木栄太郎さんの言葉を思い出した。

鈴木さんは明治二十年に山際の農家に生まれ、私が会ったときは百歳だったが、ボケもせず自信たっぷりにいった。

「狼は岩手県に千頭くらいはいたもんです。恐ろしいもんだったが、そんなに人にかかるもんではない。狐や狸なみに人里にも出はって、人間と共存していたもんです」

鈴木さんは、狼は珍しくなかったことを親たちから聞いていたのだ。

それを裏づける資料がある。

「天保十一年（一八四〇）、岩泉町から田野畑村、野田村にかけて、七十頭の狼が退治された」

これは明治まであと二十数年という時代の岩手県北東部のこと。森嘉兵衛氏の『日

野田通代官所管内狼取表（森嘉兵衛著『日本僻地の史的研究』より）

村名	男狼	女狼	子狼	娘狼	計	方法
下野田		1			1	鉄砲
三崎野		2			2	毒飼
安　家		1			1	組留
沼　袋	10	1	12	4	27	山鐺
下野田			3	3	6	山鑓
下戸鎖			4	3	7	山鑓
三崎野		2			2	毒飼
下戸鎖	1				1	鉄砲
岩　泉	?	?	?	?	23	山鑓
計					70	

本僻地の史的研究』にある野田代官所文書の狼取表だ。

現地は馬の牧《まき》（藩営の馬の牧場）があった北野（久慈市）の南部にひろがる一帯。盛岡から最も遠い村々で、狼害の多いことで有名だった。

今は海岸ぞいに国道四五号線が通り、何本も橋がかかって便利になったが、昔の道は深い谷の登り下りのくり返しで、出張する役人を泣かせる僻地だった。耕地は少なく、ほとんど米は取れない。大きな石灰岩層が通っていて鐘乳洞も多い。奥にはブナ林もある。海辺には海岸段丘が発達していて、海に面する久慈市三崎野にもかつては馬の牧があった。

この村々で七十頭もの狼が捕獲されたのは、鹿や猪がたくさんいたからだろう。捕獲方法の組留は大勢の巻き狩り、山鑓は槍である。

山村にはどこの家にもシシ槍という二、三メートル程度の武器があった。その槍で狼を突いたのだが、俊足の狼をどうやって仕留めたのだろう。おそらく槍が届く範囲まで近づく大胆な狼がいたのだ。背中の毛を逆立て、青白い牙をむいたろう。

鐺は不明。當はクサリと読むが、どんな猟具か見当もつかない。

一群れ七、八頭として、県下に百群れくらいはいたと思われる。さらに三頭以下の小さな群れが百くらいうろつ

馬の牧があった久慈市三崎野

いていた。こう考えると、千頭という数は納得できる。

かつて岩手の野山には千頭もの狼がいて、薄紫に煙るたそがれには狩りの歌をとどろかせていた。なんという荘厳な自然！　それほどいた狼はどうして滅びたのだろう。

ご城下に狼、鹿、猪が出る

ここで、江戸時代の記録から狼を探してみよう。

盛岡藩は岩手県の和賀川以北から秋田県の鹿角郡、青森県の太平洋側の下北半島までを支配した大きな藩だが、そこに寛永二十一年（一六四四）から百八十二年分のご家老日誌が残っている。

この日誌は『盛岡藩雑書』として刊行されているが、野生動物に関する記述も多く、江戸時代の自然誌として読むこともできる。獲物の種類や数も詳細に記されていて、江戸時代の野生動物資料として類のないものといえるだろう。

狼に関しても、注目すべき記録があった。

延享元年（一七四四）十二月十四日、御駕籠《かご》頭大沢長右衛門が次のような報告をした。

昨夜十時ごろ、お城のご新丸の駕籠部屋前で騒ぐ声がする。

「狼が出た！」

灯をかざして見ると、一頭の大きな犬のようなものがうろついている。はっきり狼とはわからなかったが、犬どもがあまりに騒ぐので、油断せずに追いつめ、刀で峰打ちしたがギャンともいわない。いよいよ狼だと思い、

「狼だ、狼だ！　出あえ、出あえ！」

と叫んだところ、陸尺どもが駆けつけ、三平が狼に初太刀、与助が二の太刀で前から突き、最後は三平が斬り殺した。殺した狼は長右衛門がじきじきに殿様にお目にかけた。三人にはご褒美があった。


堀をめぐらし、橋ごとに番人がいたのに城中へのこのこ入る狼がいたのだ。この日誌から城中に何匹かの犬が飼われていたことがわかるが、その犬が狼に吠えたてたのは興味深い。陸尺は身分の高い人の駕籠かきのこと。屈強な男たちだったろう。

そのころ、北上川べりの広大なアシ原の上をツルが飛び、コウノトリの巣もあった。百姓から、植えたばかりの稲を踏むのでトキとコウノトリを撃ってくださいという願いが出ている。今では絶滅危惧種になっている野生動物が害になるほどいたのだ。ハクガンも殿様の鷹狩りで捕れている。三百年以上昔のみちのくは、野生動物の宝庫だった。

鹿を殺して磔に

狼が生きていくためには、餌となる鹿の存在が重要なカギとなる。当時の状況を知るために、まず鹿にまつわる記述をご家老日誌から拾ってみる。

江戸時代には、どこの藩でも鹿や猪は殿様が独占し、領民の捕獲を禁じたが、次のような条件で許すことがあった。

「慶安三年（一六五〇）三月、狩猟の手形（許可証）が両閉伊《へい》（上閉伊と下閉伊）の代官四人に出された。運上金は十五両、期間は一年。鳥類、鹿、猪、熊などの四足類を鉄砲、網で捕ってよし。ただし、鶴、白鳥は見つけ次第撃ってお城に届けるように」

盛岡藩では使う銃にも焼判をつけて密猟を禁じ、鳥見、横目（隠密）など、禁令を守らない者に目を光らせる役人を巡回させている。

「承応三年（一六五四）十一月、玉山村（現盛岡市）でひそかに鶴を撃った助七らを捕え、牢へ入れた」

「明暦四年（一六五八）三月、誰でも鷹を使ってはならない、もし使う者が出たら肝入り（世話役）と五人組は連帯責任をとらせる。鉄砲、網、罠《わな》を使って、例え小鳥でも一切殺生してはならない。堅く申しつける」

鳥獣は藩主が独占するというお触れである。領民は素直にこれに従ったろうか？

野山を駆け巡る鹿の群れ。五葉山南麓の大窪山周辺にて（撮影：佐藤嘉宏）

「慶安三年（一六五〇）一月、徳田村（現矢巾《やはば》町）で鹿を殺した四人を捕らえて牢へ入れた」

「同年三月。花巻大田村で前年十月鹿を殺した二人から罰金二両ずつとり、ご赦免」

「同年十二月、米内《よない》村（現盛岡市）で鹿密猟の噂あり、横目ら四人をつかわす。横目らは翌日、鹿の死体と火縄銃一丁を発見。鹿を殺していた男たちは逃げた」

火縄銃をひそかに作る鍛冶がいて、それを手に入れ、隠れて使う男たちがいた。

「明暦四年二月十一日、雪の松屋敷に一万三千四百五十六人を動員した鹿狩りがあった。前日、勢子《せこ》に展開しようと入った先発隊が、鹿を殺していた数人を発見して逮捕。すると二十日に、お城お抱えの相撲とり山之井が逃亡した」

山之井は鹿殺しの仲間の疑いがあった。

「四月十五日、先に逮捕した鹿殺しの右兵衛、三四郎ら六人と火つけ犯一人。しめて七人の罪人を馬にのせて盛岡中を引きさらし、磔《はりつけ》にしてしまえ」

藩の密猟の取り締まりは過酷だった。

寛文五年十一月、鹿の捕獲許可をもらった者は次のような証文を出した。

「岩手町門前寺、濁川、渋民山、巻堀山、沼宮内《ぬまくない》山、下田山、桐久保山、一方井山。右の所、当月より来る正月中まで鹿運上金（税）、金子六両と鹿皮百枚でお願いしていたところ、お許しがありました。鳥類を除き、四つ足類だけ、弓鉄砲で捕ります。鹿肉は他領へも出しますが、皮は一切出しません。右の区域外で鉄砲を撃ったら、罰金をおおせつけください。金を増して希望するものがあったら、別人に渡してもかまいません」

鹿の肉はどこの市日でもよく売れた。そこで半助と惣右衛門は大勢の人夫を使い、徹底的に鹿を捕ったろう。捕獲総数を制限しない方式は乱獲になる。

鹿狩りに狼が出る

盛岡藩には、お城から日帰りできる野山に鹿狩り場があった。そこは御鹿山《おんしし》、御鹿狩場と呼ばれ、無用の者の入山や柴刈りなどを禁じた。古い五万分の一の地図には盛岡北西部に狼久保原《おいのくぼはら》がある。狼の巣のある原野という意味だが、赤松の大木が立つ中を街道が通っている。今は国道四号線となって、あたりには農水省の種畜牧場（現岩手牧場）や林木育種場がある。この狼久保原の広々とうねる草地には昔の鹿狩場の面影が残っている。

第二十八代藩主南部山城守重直公は、慶長十一年（一六〇六）江戸生まれの江戸育ちで、すぐカッとなる暴君だったという。狩りが好きで、鹿狩りはご家老日誌に六年分が残っている。八千人の勢子を動員して行なう鹿狩りは冬ごとに二回だった。殿様には参勤という江戸詰めがあったから、一年おきにしかできない。

重直公の鹿狩りでは、一度に千頭以上の大猟が三回ある。このような大猟は仙台藩や秋田藩にもあった。みちのくには鹿が昔から大群でいたのだ。

生態系の保全にはどんな生物も役立つものだが、鹿の大群はことさら重要だった。鹿の落とすフンはミミズや微生物が分解し、野山の肥やしとなって壮大な緑を育てた。広葉樹の落ち葉は鹿の落とすもので発酵が進む。腐葉土となって川や湖、海に入れば植物プランクトンとなって魚介類を育てる。

その鹿の大群に狼がつきまとっていた。鹿が増えすぎれば緑を食い尽くして環境が悪化する。狼は鹿の生息数をコントロールして、鹿が増えすぎないようにバランスをとっていた。

そこに組織的な狩りが入ってきた。盛岡藩の狩りは鹿の大群を谷底に叩き落として捕獲する乱獲だった。

「明暦二年（一六五六）二月五日、欠《かけ》の山で鹿千七百一頭、狼六頭を捕る」

欠の山は、啄木の生まれた渋民村（現盛岡市）から十キロほど南にある。滝沢駅のほうから眺めると、欠の山はさしわたし五、六百メートルの台地で、西側は百メートルほどの高さのけわしい崖だ。今は近くの人造湖から水を落として発電所が出来ている。

そこに尾根をまわって柵をめぐらしていたのだろう。柵は崖の最も急な所に口を開いていた。東方から追い立てられた鹿の大群は、台地に集まり、逃げ場を失ってあとからあとから崖を落とされたのではないか。谷底には槍を構えた男たちが待ち構えていた。落ちてくる雄鹿、雌鹿にとどめをさすために。このとき、鹿の群れにつきまとって暮らしていた狼の一家族、六頭も巻き添えをくった。

正保四年（一六四七）一月五日には、鹿を六百六十六頭仕止めたとき、鹿が一ヶ所にたまった中から、狼が一つ捕れた。

鹿の群れがなだれを打って谷底に落ち、逃げ遅れた狼が鹿の下敷きになったのだ。なんというすさまじい狩り！

四十四田《しじゅうしだ》ダムの一角になっている松屋敷でも、たびたび鹿狩りが行なわれている。松屋敷をダムの堰堤から眺めると、今は水が溜まっているが、かつてはその西側が北上川に面して崖になっていた。西の狼久保原のほうから、ここに鹿の大群を追いつめ、崖下に落とすのが盛岡藩の狩りの流儀だった。藩ではその鹿皮を数千枚も船で江戸へ送っている。

重直公の猟欲は強く、家臣は雪中の鹿狩りに閉口したと伝えられている。野生動物を資源とするには、増えた分だけ利用するのが大切なのだが、この時代の狩りは根こそぎのようにみえる。そもそも原野は鹿の生息地だったが、鹿と狼の間でとれていた共存関係がこわれていく。

火を焚き、脅し鉄砲を撃つ

鹿ばかりでなく、馬との関係も見逃すことができない。

盛岡領は名高い馬産地で、幕府をはじめ、有力な藩ははるばる盛岡まで馬を買いに来た。藩は馬の量産に力を入れた。名馬は広い草原がなければ育たないが、盛岡藩には北のほう、今の岩手県北から青森県下北半島にかけてぼうぼうたる原野があった。そこに藩は、牧を九ヶ所もうけていた。牧には野守りを頭に二、三十人の男たちがいた。

牧には、雌馬が五十頭から百頭いて、一頭の父馬が全群を率いていた。父馬がいないと、雌馬は散り散りになる。父馬がいれば、雌馬たちは父馬のそばに集まった。馬とはそういうものだ。夜は子馬を中心にしてかたまって眠る。父馬は群れのかたわらに立ってあたりを警戒した。

この馬の群れを狼が襲うので、藩では火縄銃を持った猟師に牧を巡回させた。牧の広さはさまざまで、三キロ四方ぐらいから、三十六キロ×八キロに及ぶ広大なものまであった。

木立が茂る季節になると、それに隠れて狼が寄って来る。そこで牧では春早く原野に火をつけて木立が繁らないようにした。

牧は人家から遠く離れたさびしい所にあった。番小屋はマダノキやトチの巨木のそばにあって、野守りの男たちはそこで寝泊まりした。下の小沢には冷水が流れていた。

日が落ちれば遠く近く、オットンドリの神秘的な声がした。

オットントーン

オットントーン

オットンドリとはコノハズクのこと。小さな体なのにその声はよく響く。

狼の遠吠えがすると野守りたちは馬群のまわりにかがり火を焚き、山に向かって空砲を鳴らした。それでも狼の群れが襲って来ることがあった。太平洋からの濃霧で見通しのきかない夕暮れもある。暗雲がたれこめ、雨風のきびしい夜にこそ狼の群れは忍びよって来た。

襲撃に気づいた野守りたちは、たいまつをかざし、槍を手に手に駆けつけた。父馬はいななきながら足で狼を叩こうとする。飢えた狼たちは、闇の中に散らばって脅しはじめる。恐怖にかられた馬群がパニックになると、狼は逃げる馬にとびつき、転んだところを噛み殺した。闇の中で鼻息荒くむさぼり食う。当時の記録に、

「寛文十一年（一六七一）四月二十七日。相内野《あいないの》（三戸《さんのへ》）で十四日の晩、青毛の駄当才が斗賀内《とがない》で狼にとられた。久慈の北野で十七日の晩に栗毛の駄当才が狼にとられた」

「五月四日、奥戸野（下北半島）で栗毛駒当才が狼にとられた」

駄というのは雌馬で、駒は雄馬だ。当才というのはその年生まれの子馬のこと。

夜が明ければ狼の群れは引き上げる。食い殺された馬の死体を見つけた野守りたちは、泣く泣く馬の両耳としっぽを根もとから切り落とした。死体は担いだり引っ張って馬捨《ます》て野に捨てに行った。親馬を担ぐのは八人がかりだ。

切り取った馬のしるしは、三戸の御野馬役所へ届けた。そこから書付とともに盛岡城へ運ばれる。同じ年の届けに、

「十一月十一日、相内野で青駄当才、六日の晩狼にとられたが、父馬が働いてその狼を打ち殺した」

父馬の強さを報告したものがある。しかし、

「九月十一日。久慈市北野で川原毛の父馬が、本波山《ほんなみ》で狼にとられた」

なんと、強い父馬でさえやられてしまうことがあった。

オイノ捕りの猟師

盛岡藩に届けられた狼に殺された馬の数は、寛文七年（一六六七）から四年間に九枚で百二十五頭あった。その年生まれの当歳子が一番多くて四十九頭、二歳馬は二十三頭、三歳馬六頭、四歳馬二頭、母馬の殺されたもの四十四頭、父馬の被害も一頭。恐るべき被害だ。幸い助かっても、横腹や首に狼の牙の跡が残るものは値が下がった。

盛岡藩で狼に殺された馬は、森嘉兵衛氏の『日本僻地の史的研究』によると、放牧数の三十五パーセントに達し、平均十三パーセントという。そこで盛岡藩の分家のような八戸《はちのへ》藩では「狼狩り奉行」という役職をおいた。

狼の被害にたまりかねて、盛岡藩主南部山城守重直公は明暦三年（一六五七）、狼信仰の本山である秩父の三峰神社に大釣り鐘を寄進し、「狼さま、鎮まりたまえ」と祈願した。牧の野守りたちも狼退散の祈願に、はるばる三峰神社まで参詣に出かけている。

しかし、盛岡藩ではなぜか組織的な狼退治に消極的だった。寛永二十一年（一六四四）から四十六年分のご家老日誌で、狼狩りと銘うったのはただ一回だ。「明暦四年（一六五八）二月二十三日、盛岡の黒石野で狼狩りを命じた。勢子頭は八戸弥六郎ら四人、人数は四組に四千人余り、狼が四ついるので打ち殺すように」

この狩りの総指揮をご家老にさせている。狼が捕れたかは不明。

牧には狼防清之丞、狼取清八という専属の猟師がいた。「狼防」はオイノフセギで、「狼取」はオイノトリだ。彼らは狼狩り専門の下級武士で、火縄銃と手作りの毒薬をもっていた。眼光に殺気のただよう男ではなかったか。その男にお城が命ずることがあった。

「宝暦九年（一七五九）十一月十七日、沼宮内官所の狼取清八、その方は狼取りの御用であちこちの牧へつかわされたので、一ヶ年御米三駄（六俵）支給していたところ、近年病身になり、どこへも出られなくなった。しかし数年、真面目に勤めたので、右の御米を一ヶ年三駄あて一生くださることになった。そこでその方、毒薬の調合、餌づけの方法とも、野守りと牧の若者たちへ伝授するように仰せつける。牧の近くの百姓でも申し出る者があったら伝えるように」

毒薬の製法は秘伝なのだが、藩では米を与える条件で承知させた。それから三十五年後のご家老日誌に、

「寛政七年（一七九五）九月二十一日、下厨川村《しもくりやがわ》（現盛岡市）新道の畑に死犬が転がっていたので、死体に毒薬を仕込んでおいたところ、この餌犬の頭と尾ばかりを残して食い、男狼二頭、女狼二頭が死んでいたと代官が届け出た。ご褒美は御目付に渡しておく」

狼は自然の中の掃除屋でもあった。狼は強いものが先に食べる。後のものは少し離れてじっと待っている。しかし、強いものが独り占めにはしないで、一匹の犬を分け合って食べた。それで強いほうから四頭が死んでしまった。

道で死馬を食っていた

人や物資を運ぶ仕事をする人を馬方といったが、その馬方たちが狼に遭遇することがあった。所は盛岡城下の中ノ橋近く、交通量の最も多い街道の一つでのこと。

「寛文十年（一六七〇）十二月十二日。昨日未明に、中ノ橋御番所へ一頭の馬が十四、五歳の少年の死体を引きずってきた。馬は首に縄をつけられ、その先は少年の腰に結ばれていた。どこからかひき殺されてきたようである。すぐ番所の者が馬を押さえ、お城に報告すると、役人が二人来て調べ、町中へこの人馬を知らないかとお触れを出した。

するとご家老の八戸弥六郎の屋敷へ知行所の遠野から荷物を運ぶ百姓の一人とわかった。七人で一頭ずつ馬を引いて来たのだが、道の真中で二頭の狼が死馬を食っているのにぶつかった。

馬はすべて狂乱状態となり、荷物も鞍《くら》も振り捨てて散り散りになった。六人は荷物をめいめい背負い、馬を追いながら八戸弥六郎の屋敷まで来た。少年の馬は反対方向へ走ったので、一人で遠野へ帰ったのかと思われた。だが少年はみなに追いつこうと馬に乗り、内丸の弥六郎の屋敷近くまで来た。そこで腰に手綱《たづな》をしばりつけたまま馬から下りたところ、まだビクついていた馬が、突然走り出し、少年をひき殺したものだろう」

遠野から盛岡までは十数里（約四十八キロ）、馬方たちは暗い夜道に馬を連ね、火の粉を散らしてたいまつをかかげていた。シャンシャン、シャンシャンと鈴の音を響かせながら、その音で狼を避けようとした。

初々しい少年も、病気の父にでもかわったのだろうか、大人たちについて元気に馬を引いていた。盛岡のご城下へ行くのは初めてだったかもしれない。胸をふくらませ、もうお城が見える所で、誰かが捨てた死馬にぶつかった。馬は路上で急死することもある。そばでギラギラしたけものが、血まみれの口でこっちをにらんでいる。

「ややっ、オイノだ！」

「馬を、馬をおさえろっ！」

七頭の馬は棒立ちになり、手綱にしがみつく屈強な男たちを振り切り暴走してしまった。当時の馬がどんなに狼を恐れたかが浮かんでくる。男たちが必死に馬のたづなをおさえたがだめだった。南部馬は現代のサラブレットより背が低いが、はるかに野性的だった。男の子が一人で扱うのは無理だったろう。

少年の馬子は畑や荒れ野を走って、ようやく馬を捕まえた。そうしてもう逃がさないと、手綱を自分の腰にぎりりと巻いた。だがそれが悲劇となった。馬は侍屋敷の近くまで来て、吠えついた犬におびえ、再び泡を嚙んで暴れだした。つんのめり、転んだ少年をひきずり、数百メートルを暴走して若い命を奪ってしまった。

VI　荒れる狼

子どもをさらう

縄文、弥生の時代から、みちのくの人々は竪穴住居の集落をつくり、番犬を飼い、狼や熊が侵入しないように気をつけた。こうした共存関係は長いことつづいていたのだろう。狼はむやみに人を襲わず、人も狼をあまり怖れずにいた。

ところが、江戸時代に入って被害が多発していった。なぜだろう？

「寛文二年（一六六二）七月十五日、沼宮内《ぬまくない》（岩手町）で狼が荒れ、人馬を食い殺したので鉄砲で撃ってくださいと代官がいうので、大阪八之丞ら二人をつかわす。狼のほか撃たないように、鳥見の衆に監視をさせよと代官に命じた」

現地は盛岡から北へ三十キロの所だ。

「同月十七日、前々から奥郡のあちこちで、狼が人馬を食うことが大変多く、人民が困っていると代官から訴えがあった。そこで鉄砲免許を持っている者へ、鳥類は撃たずに狼を撃つようにと申し付けたが、なかなか仕留められなかった」

奥郡とは盛岡の北方約八十キロの青森県三戸《さんのへ》町以北のこと。

次は、三十数年後の綱吉将軍のころ。

「元禄八年（一六九五）九月、種市《たねいち》通りで大狼がことのほか荒れ、夜になると人家へかけこむので、代官におどし鉄砲を借りたいと陳情があった」

種市は海辺だが、被害はここだけではない。少なからぬ狼が人を襲っている。これもなぜだろう？　生類憐《しょうるいあわ》れみの令で、村から番犬が激減したからかもしれない。

「同年十月、軽米《かるまい》通り、戸田、伊保内《いぼない》、荒屋、江刺家《えさしか》、長興寺、江刈、葛巻通りで狼が荒れ、月初めから六日の晩まで、噛みつかれたもの三、四十人、うち三人が死んだと百姓どもが訴え、おどし鉄砲を借りたいと申し出た」

そこは岩手県北に点々とひろがる寒村で、当時は八戸《はちのへ》領だ。八戸藩は火縄銃を数丁貸したらしい。綱吉の時代のため、狼を撃ち留めたらその場に埋めよと命じている。この秋は大凶作で餓死者は四万人。埋葬もされない死体を犬が争って食ったという。もちろん狼も食ったろう。

次の事件は盛岡から十数キロ南で起きた。獣とあるのは狼のことだろう。

「元禄九年（一六九六）十月十八日。長岡通り（紫波《しわ》町）で今月十二日、十三日、十四日の夜、

獣に食われた者

一、山屋村　助右衛門の子　弥助

一、山屋村　助右衛門の子　ふり（弥助の弟）

一、山屋村　中居助右衛門の男子　まんとう

一、山屋村　蟹沢与右衛門の孫娘　辻

重傷者で九死に一生の者

一、山屋村　大竹三十郎

一、山屋村　山本与五郎の女房

一、犬吠森《いぬぼえもり》村　沼口万三郎の娘　かめ

一、犬吠森村　沼口角兵衛の下人　百

一、犬吠森村　沼口孫助の男子　小次郎

一、北田村　杉下惣次郎の女房

一、北田村　谷地久助の男子　万作

右十一人、手足、腰、顔、目鼻に噛みつかれたと、代官が書付をもって報告した」

襲われたのは子どもが多いが、大の男も噛みつかれている。山屋村と北田村は北上川の東側の山あいにあり、犬吠森村は川ぞいの平野にあって、それぞれ五キロほど離

れている。犬吠森には、狼の遠吠えがしばしば響いてくる森があったのだろう。すさまじい村名だが、その地名は今ものどかに残っている。

十一人を襲った狼は、十日後に退治されている。

「同年十月二十三日、曇り。
一、長岡通りで狼一匹、川井治右衛門が討ちあげる。
一、同所で切田覚内の百姓が、赤毛の狼を一つ切り殺し届けたので、ご褒美米片馬（二俵）をくださる」
鶴を捕獲して差し出した場合、お城が与えるご褒美は米二俵で、白鳥は一俵。すると狼の値打ちは白鳥なみだった。

次は紫波町の隣、北上川の西側の村のこと。

「元禄十年（一六九七）七月。去る二十三日の夜十時頃、大瀬川村（石鳥谷町《いしどりや》＝現花巻市）の百姓勘助の娘で六つになる秋という者、狼にとられたのに勘助が気づき、尋ねたけれども行方知れず、死骸も見つからないとのこと」

六歳の子どもをさらうとは寒気がする。亡霊とか妖怪に実態がないことは当時の人々も気づいていたろうから、人食い狼は実在する最大の恐怖だったろう。

しかし、体重二十キロ前後の子どもをニホンオオカミがくわえていけるのだろうか。

五、六頭の狼が出てきて子どもを殺し、あっという間に跡形もなく食べて逃げたのかもしれない。

『遠野物語』では、わけもなく蒸発する人間を「神隠しにあう」と語るが、狼が原因のこともあったろう。

次もすさまじい事件だ。

「同日同所の長右衛門と申すものの所へ八ツ（午前二時）ごろ狼が来て、母が抱いて寝ていた次郎という四つの男の子をくわえだした。母親が気づいて追いかけたので、狼は逃げ、次郎は頭と手にキズをおったが、当分は死にそうもなし」

そこで代官二名が、おどし鉄砲をお貸しくだされと願い出て、お城では猟師二人をつかわしている。

ここで国立科学博物館のニホンオオカミやシーボルトの剝製を思ってみた。あの大きさではとても子どもをさらってはいけまい。もうひとまわりふたまわり大きい、がっしりした狼がいたのだろう。

喉笛をねらう

江戸や大坂を中心に町人文化が栄え、太平といわれた元禄時代だが、盛岡藩では狼の被害がつづいていた。次の村は犬吠森村（現紫波町）の南隣りにある。

「元禄十年八月八日の暮れ方、八幡通り白畑村（石鳥谷町＝現花巻市）久五郎の子五つが遊んでいたところへ、狼が二頭現れ、その子をくわえたので追いかけたところ、捨てて逃げたとのこと。頭に狼の歯の跡をつけられたが死ぬようなことはない。そこで沢内の猟師二人をつかわすようにと御目付が申しつけた」

ここでも子どもをくわえて運んでいる。重傷ではなかったようだが、この子のケガは治ったろうか。

次は馬屋に入った例だ。

「元禄十年八月十七日。花巻八万目通り黒沼村（石鳥谷町＝現花巻市）肝入り六右衛門の馬屋へ狼が隠れているのを発見。家を取り巻いたがかけ破られ、近くの屋敷林に入ったのを、左助と孫十郎という百姓二人が棒で打ち殺した。右の狼は花巻の足軽が、書状と一緒に届けたので盛岡中ノ橋下の河原柳の中へ埋めた」

「元禄十一年（一六九八）五月二十五日。松林寺（石鳥谷町＝現花巻市）で狼が荒れ、馬をとられるので百姓が迷惑し、鉄砲で撃たせてほしいと願い出た。幸い鶴御用につかわしていた一人を狼撃ちにまわすようにと申し付ける」

お城専属の鉄砲撃ちがマナヅル、ナベヅル撃ちに北上川ぞいの原野に出ていたのだが、その男に狼撃ちにまわれと命じたのだ。

「元禄十一年八月十七日。御明神村《おみょうじん》（現雫石町《しずくいし》）で昼の十時過ぎから夜の八時までに、狼に食われたものの報告が代官からあった。

即死　万蔵（九歳）
即死　いぬ（五歳）
即死　ひめ（六歳）
深手　屋せ（五歳）
深手　さる（七歳）
軽傷　みの（十歳）
軽傷　和泉（九歳）
軽傷　霜（十一歳）

深手の四人は喉笛を食われた。軽傷の娘みのは、弟のさるが食われたついでに歯をかけられた。和泉も惣九郎の子と一緒にいて噛まれたが追い払ったとのこと。このように狼が荒れるので鉄砲撃ちを三人つかわし、撃たせるようにと御目付に申し渡す」

真夏のことで子供たちは裸同然で遊んでいたのだろう。兄妹で殺されたものがいる。喉笛をがぶりとするなど狼は本当の猛獣だった。深手の者も助からなかったのではないか。

藤原英司著『アメリカの動物滅亡史』によれば、アメリカで狼が人を襲った例はないという。ニホンオオカミよりはるかに大型のハイイロオオカミは、放牧の牛に甚大な被害を与えたが、なぜか人には向かわなかったのだ。それに比べ、ニホンオオカミの兇暴さはどうだろう。

「元禄十一年八月十九日の夜、再び雫石の代官から狼に食われたものの報告があった。

即死　次郎（八歳）　南畑村弥十郎の息子
即死　さる（八歳）　安庭村久三郎の息子
正月（十歳）　南畑村三五郎の娘
五郎八（八歳）　南畑村三五郎の息子
うし（十四歳）　南畑村弥四郎の息子
よね（三歳）　南畑村治兵衛の孫、女子
丹後（三歳）　南畑村兵右衛門の下人
三太（三歳）　安庭村助次郎の息子
よて（八歳）　安庭村才兵衛の息子
いの（四歳）　高橋金十郎領、良右衛門の孫以上、十人のうち八人は生きている」

目も当てられない子どもたちの被害だ。さすがに藩もほうっておけず、鉄砲組三人を派遣すると、地元のマダギ長五郎がこの狼を撃ち取った。藩からのご褒美は銭五百文。これで襲う狼が消えたかというと、まだいた。

「元禄十一年十月三十日。雫石御明神村又右衛門の息子十四歳が去る二十四日狼にとられた」

それにしても盛岡付近で、狼がこれほど人間に牙をむくのはなぜだろう？　やっぱり狼は血に飢えた殺し屋だったのか。

寛永十年（一六三三）にお城が完成し、盛岡がみちのく北東部の中心になっていくが、同時に北上川平野部の開発が始まった。木が伐られ、各地に用水堰が掘られて開田が広まっていく。

寛文三年（一六六三）、藩は八万石に分割されるが、新藩主の重信公は開田をすすめ、十数年でもとの十万石にした。こうした農地開発で原野が減り、鹿が激減したのではないか。そのために飢えた狼の中に里に近づくものが出てきたのだ。

次はご城下のこと。

「元禄十二年（一六九九）二月三日、外加賀野の鳥谷孫太夫屋敷の前の河原へ、狼が出て犬を追いまわしていたので、孫太夫が召使いどもに追わせると、人にかかってきたので突き殺したとのこと。すぐ河原へ埋めさせ、狼に間違いないか役人を見届けに遣わす」

事件は奥羽山脈の向こう、今の秋田県でも起きている。そこも当時は盛岡領だった。

「元禄十二年八月六日、毛馬内《けまない》（秋田県鹿角《かづの》市）で狼に食い殺されたものの覚え。

次郎（十四歳）　草木村三九郎の息子

伊之助（五歳）　鴇村万九郎の孫

彦（十二歳）　赤坂村万九郎の娘二人

？　芦名沢村八九郎の子

？（十二歳）　風張村五平の娘

右の通り食い殺されたので、毛馬内で取り上げられていた鉄砲をお借りしたいと代官どもが願ってきたが、前例がない。地元の猟師が油断なく撃ちまわすようにと、代官どもへ申しつかわす」

綱吉の生類憐れみの令のためか、五人殺されても飛び道具の使用を許さない。このような被害は盛岡藩だけではなく、青森県の津軽藩や長野県の信濃国高島藩、石川県の加賀藩でもしばしば起きている。農地などの開発の影響ではなかったか。

狂犬病の狼

狼の本当の怖さは病い狼となって人を襲うことだった。病い狼というのは、犬から狂犬病に感染した狼のことで、これはまさに死神だった。

狂犬病が日本へ入ったのは享保十七年（一七三二）という。それまで狂犬病は日本にはなかったらしい。狂犬病は、哺乳類に伝染するウイルス病で犬に多い。狂犬は発病五〜七日で全身に麻痺を起こして死ぬが、その間、かすれ声で吠え、よだれを流して狂ったように走りまわり、やたらぶつかったものに嚙み付く。

その狂犬に人が嚙まれると、よだれからウイルスに感染する。十四日〜二百五十日の潜伏期を経て発病するが、発病したら現代医学の力でもほとんど助からない。のどや食道の筋肉が痙攣《けいれん》し、食物や水を飲み込むことができなくなる。

明治十八年にフランスのパスツールが予防ワクチンを発見するまで、恐るべき病気だった。東北歴史博物館の『熊と狼――人と獣の交渉誌』によると、狂犬病は、日本では中国地方で流行が始まり、数年で東海道に感染が拡大し、次第に東方へ伝わったものらしい。神沢貞軒の『翁草』には、最初は犬だけだったが、狼、狐、狸から牛馬にも移って、いずれも高熱を発し、狂い死にしたとある。

東北の記録では、寛延三年（一七五〇）、温海町《あつみ》（山形県）に狼が二匹現れて二十四人を噛み、そのうち八人が三十日後に発病して死んだ（『耳口録』）。

盛岡藩では、

「明和八年（一七七一）十一月二十七日、このごろ町の近くに狼が出ることが多く、病い犬もまた見えると聞こえている。鉄砲を持っているものをまわらせて、たとえ病い犬でなくとも、犬が鷹狩り場の邪魔になるなら撃ち殺すように」

病い犬という危険な犬の存在を、ご家老たちは気づいていた。

寛政六年（一七九四）、太平洋側の田野畑村でそれらしい被害があったと、森嘉兵衛著『病狼聞書』に記されている。

「六月五日の昼ごろ、沼袋甲子《かっし》村に、病い狼が一匹出て、彦十郎の女房を食い殺した。その上、八匹いた馬に次々傷を負わせ、子馬を一匹殺したので、大勢の人が騒いで馬を助けた。その夜、肝入りが村をまわってみると、狼は平之丞の家に入って一夜を明かしていた。平之丞と使用人は、天井の梁《はり》に上がって難を逃れていた。

夜明けに人を集め、鉄砲、槍などで平之丞の家を取り巻いたが射ちはずした。狼は五キロ北の巣合《すごう》村に走り、馬へ食いついた。次に、助右衛門の家に飛び込もうとしたので、助右衛門は戸で狼の首を挟んだ。隣りの家に叫んだが、人を集めかねているうち、狼は戸を押しはずし、中にいた女房と七歳の子を命にさわるほど噛んだ。

ようやく人が駆けつけると、狼は甲城へ走り雌牛にとびかかった。嘉兵衛と惣之丞が立ち向かっていくと、狼は惣之丞へ一文字にとびかかってきた。惣之丞は山刀をふるって狼の鼻を切り落としたが、狼はまた立ち上がったので、嘉兵衛が槍で胸板を突き、ようやく殺した。病い狼といえ、このように人馬が痛められたのは前代未聞のことである」

同地区は、たたら製鉄が盛んで江戸と交流があったので、ウイルスを持った病い犬が入ったのではなかろうか。その犬から感染すれば、家族で暮らす狼の群れは全滅したろう。

狼狩りに百姓五千人

盛岡領は冷害の常襲地帯で、江戸時代二百五十年間に八十回の凶作があった。平年作の半作を凶作といい、それ以上を飢饉《けかじ》といったが、天明年間（一七八一〜八九）も長雨と低温がつづき、大飢饉《ききん》に陥った。その中で狼の事件があった。

「天明八年（一七八八）六月二十八日、狼の子一匹を上米内村《かみよないむら》（現盛岡市）の久助が梁川村《やながわ》（現奥州市）のつるさびで取り押さえたと、代官が報告したので、ご褒美銭を定めの通り二百文与えることにした。その子狼は久助へ下されたいと申し出たので、願いの通り許す」

狼の子をどうしたのだろう。番犬にでもしたのだろうか。

江戸時代の後期には、次のようにして狼を防いだ。

「文化五年（一八〇八）十一月二十八日、厨川《くりやがわ》通り御代官所、山根通り五ヶ村の百姓どもが願い出たのは、狼がたくさんいて荒れるので、夜ごと貝、太鼓で脅しているが、子ども数人が噛まれて怪我をした。そこで一ヶ村あたり鉄砲一丁ずつを拝借したいとのことだが、願いは許しがたく、五ヶ村に一丁を許す」

明治まであと六十年とせまった時代、盛岡の周辺で夜ごと狼追いをしていた。小正月行事に使ったようなホラノゲェをボーボーと吹き、太鼓もドンドコ、ドンドコ叩いて気勢を上げ、人間が警戒しているぞと狼を脅さねばならなかった。

さらに幕末、北上平野で狼狩りがあった（『北上市史』）。

「弘化三年（一八四六）暮れ、狼がたびたび荒れて、二子通り（北上市）で食い殺されたものは八人になった。そこで肝入りが御官所へ願い出て、狼狩りをすることになった。火縄銃を持って召集された猟師は十人。

三月二十七、八日の二日にわたって、百姓五千人は得物を持ち、西山根から横に並んで、陳太鼓、陳鐘を打ち、ほら貝を吹いて北上川まで狼を追い立てた。攻め大将は一条金平で、馬に乗り、旗は一流し。号令をかけるものは上下に二十人で、村々の肝入りは旗一流しずつ目印に持つ。

だんだん追い出し、北上川のそばでようやく狼三頭を仕留めた。川向こうでは数千人の百姓が、狼が川を越えて逃げないように固めていた」

いったい狼は何頭いたのか。五千人の包囲網でも三頭しか捕れなかった。狼たちはすばしこく、むざむざやられはしなかった。

日本最後の巻き狩りか

重直公の大規模な巻き狩りでは、数百頭の鹿に混じって猪、狐、野兎、それに狼が捕れている。それらは数頭ずつのことが多い。

まず野兎だが、鹿のすむ所には無数にいたのだろう。野兎も生態系を守る大切な動物だった。そのフン尿は鹿と同じく山野の肥やしだった。捕獲数が少ないのは、野兎のような小物には目をくれなかったからだろう。火縄銃では弾薬が惜しいし、槍で突くのはむずかしい。狐が一～七頭捕れているのは興味深い。お稲荷さんのお使いで、たいていの人は狐に一目おいたのだが、大勢の巻き狩りでは平気で殺している。

猪も捕れたが多くて十三頭だ。繁殖力が強いので大群になってもよさそうなのに、

日本最後の巻き狩りが行なわれた遠野の物見山

当時の岩手山麓には少なかった。天敵の狼がいたからではないか。狼は猪の親子を見つけると、しつこく追いかけて、ウリ坊と呼ばれる子を食うという。猪も、狼にコントロールされていたのだろう。その狼だが、捕獲数はいつも一〜七頭だ。

『遠野物語』には「何百ともしれぬ狼とか、その足音で山もどよむばかり」などと大群の話があるが、ご家老日誌に狼の大群の記録はない。

重直公の鹿狩りから二百年、あと二年で明治という慶応二年（一八六六）秋、遠野南部家が行なった巻き狩りは日本最後の巻き狩りといっていいだろう。場所は遠野市街を見下ろす物見山

（九一七メートル）。上のほうは、今はカラマツが植林されているが、当時は短い芝におおわれていた。仰ぎ見ると大きな山で小沢も見える。ここにも鹿の追い込み柵を巡らせていたことだろう。

この日、ふれがまわったという。

「いいか、狼だけは一頭も逃すな」

狼はもう、田畑の守り神ではなく畜産の仇《かたき》になっていた。この日の様子は吉田政吉氏が『新遠野物語』に描いている。十歳で巻き狩りに参加した作田喜太郎翁が語ったという。喜太郎さんは鉄砲同心の脇役を命ぜられ、弾火薬を入れた胴乱を持って鉄砲撃ちについて走りまわった。

この日、四方から物見山の山頂に追い立てられたのは、鹿、猪、山犬（狼のこと）、さらに野馬も二頭混じって黒い集団となった。狼に鉄砲はもったいないと弓矢を射かけたが、六本の矢をいずれも狼に命中させた弓の指南役がいたとある。

こうしてみると、ニホンオオカミは年中少群で暮らし、大群になることはなかったのだ。

Ⅶ　明治九年、狼の子を天覧

肉しか食べない

大政奉還により時代は明治に移る。先に記したように、このころには千頭あまりの狼がいたと思われ、その被害も後を絶たなかった。

新しい時代を迎えて、狼退治は加速度的に進んでいったが、なぜ狼が人間と共存できなくなっていったのか、断片的な証言でも探してさらに追求してみたい。

明治九年、新政府は明治天皇を民衆に知らせようと東北ご巡幸を行なった。人々は天長さまと呼んで二十四歳の若い天皇を迎え、盛岡の勧業試験場では大物産展を開いて県内の産物を陳列した。今でいう万国博のような催しで人を集め、ご巡幸を盛り上げようとしたのだ。

天長さまは七月七日に物産展を訪れたが、このとき、会場の一角に狼の子が一頭鎖につながれて、そばに屈強な巡査がついていた。

「雌狼を打ち殺したときに生け捕ったものです」

上目づかいに毛を逆立て、うなり声を上げる狼を前に、島惟精《いせい》県令が説明した。県令というのは県知事のこと。

「この子狼は肉のほかはなにも食べず、けっして人に慣れません。成長するにつれて、昼は物陰に隠れ、人が手を出せば、食いつこうとします」

子狼はすでに孤高の魂を宿していた。人に牙をむき、肉しか食べない純粋さだ。

各地の産物の間に狼と猪の毛皮を並べ、なぜか閉伊《へい》郡、九戸《くのへ》郡の山中に住む貧しいものの衣服と食物も展示していた。麻織りで紺色に染めた短い半袖と股引《ももひ》きはつぎはぎだらけのボロで、随行した東京の記者、岸田吟香は恐れ入り、人が着るものとは思われないと書いた。

陳列された食物は、ナラやトチの実にワラビの粉やヒエを混ぜて団子のようにしたもの。記者は鶏のフンそっくりと書く。

島県令は九州出身で四十二歳。幕末には官軍に属した人物で、幕府について賊軍だった岩手をさげすみ、重ねて天長さまに説明した。

「三陸の僻村では、垢だらけで汚いものをかまわず、風俗のいやしいことエゾとわかちがたくて、今も昔のままに野蛮です。例えば閉伊郡、九戸郡のごときは山野広く、一村百戸に満ちたるはほとんどありません。わずかに耕地があっても、一粒の米もとれない所多く、食の不足には木の実を拾って飢えをしのぎます。僻村の人民は、古来からの風習について困苦のこととも思わず、わずかに生命をつなぎ、怠惰のままに暮らしています。道路いまだ開けず、世の中に開明あるを知りません。これ、その人民、本性が愚かなのではありません。その地が開けないためであります。願わくば今日より、さらに勉強を加え、山を開かせ野は耕し、婦女には裁縫を教え、ボロは綿衣となり、木の実は米となり、旧習を一掃し王化に浴せしめんことを」

天長さまは幌つき馬車に乗り、前後を騎馬警官が固めていた。盛岡では家ごとに絵提灯をかけ、造花を飾り、サンサ踊りや獅子踊りのパレードもあった。

記者は上田通り（今のＮＨＫ盛岡放送局近く）で、黄金水という清水を飲んだ。氷水のように冷たかったという。当時、日本の人口は三千五百万人。狼が残っていたころ、野山はけがれなかったのだろう。

天長さまの馬車は北へ進んで渋民村（現盛岡市）へ入った。東京の記者は書く。

「衣服も草ぶきの家も見すぼらしく、垢じみたつぎはぎの着物に、汚れた手足を洗いもせず、白髪混じりの毛をおどろのようにして、道ばたに立ちはだかる無礼なさまの老人ども。去年のお祭りに着たものを身につけた若い男、裾もようの麻の着物の子どもが多い。女は股引きをはき、お歯黒をつけている。眉毛は剃らず、四尺ばかりの黒や紺の布を頭にまとったさまは、台湾蕃地の民のようだ」

この記者は二年前に従軍記者として台湾を見ていた。明治初期の成人女性が眉剃りが慣わしとはびっくり。つづけて書いている。

「中には、乳のみ児を裸に背おって何ごとかしゃべりながら、お馬車を拝もうと騒ぐ女もいた。沼宮内《ぬまくない》からはさらに貧しく、顔色青黒く気力のないものが多い。畑にも田にもヒエばかり作っている。見物人は畑のほとりに集まり、夏なのに火を焚き、米のおにぎりを腰にして天長さまを持っていた。今日は特別の祝いなのだ。常食のヒエ飯というものを見ると、米を混ぜず皮つきだ。食べてみると、サクリ、サクリとしてモミでも口にしたようだ。この辺の女は手ぬぐいでおかしく頭をつつみ、めくらじまの脛《すね》あて、同じタビをはいているため、腰より上は女だが、腰より下は男だ」

島県令はそこでも天長さまに語った。

「県内から木綿はとれず、山あいの人民は麻を植え、雪中につむいで衣服を織ります。麻布で膝をかくすほどのものを作り、重ねて着ます。男もの女ものの区別はありません。古くなって破れると、ねんごろにつづって普段着にします。これは中級以上の人の服です。貧民はボロを結んで肌もあらわに、一生、新しいものを着ることがありません」

なぜこれほど貧しかったのだろう。江戸時代の藩政に問題があったからではないか。

悪い狼を退治すると一揆

島県令が語った三陸の閉伊郡は北上高地の奥にあった。県令はそこの人々を野蛮で怠惰のままに暮らすといったが、どっこい高い知性を持つ人がいた。例えば田野畑村の弥五兵衛だ。

彼は塩売りだったが、隠念仏の導師もして、村々を巡り、食うや食わずの人々を見た。ワラビの根を掘って飢えをしのいでいる。そばで幼な児はひもじくて泣いている。なぜこれほど貧しいのか。藩はさまざまなものに税をかけて領民を苦しめている。殿様は贅沢ざんまい、民の苦しみなど眼中にない。弥五兵衛は人々に深く同情するようになった。

これをただすには一揆を起こすしかない。藩では一揆のリーダーを、殿様に刃向う不届き者として打ち首、獄門にする。しかし、稗貫《ひえぬき》、和賀、紫波《しわ》三郡でもたびたび一揆が起きていた。そこで弥五兵衛もひそかに一揆を呼びかけた。六百三十六ヶ村を説いてまわるのに二十年かかったという。

弘化四年（一八四七）、三閉伊管内（上・中・下閉伊）に理不尽な御用金を命じられたことをきっかけに、ついに弥五兵衛らは立ち上がった。抑えようとする役人にはうそぶいた。

「横沢に、悪い狼がたくさんいるので退治に行きます」

横沢は地名ではない。過酷な政治を指揮する筆頭家老横沢兵庫のことだ。閉伊通り百二ヶ村から弥五兵衛らの一揆に従った領民は一万二千人。乳飲み児を背負った女もいた。

彼らはけわしい海ぞいの小道を登り下りして宮古の町に押し寄せ、役人と結託して民をいじめる悪徳商人の店を襲う。藩政改革を要求して有力なご家老の遠野候を頼って強訴、二週間にわたる支配階級と争う大一揆となった。リーダーは六人。弥五兵衛はホラ貝を吹き、一揆衆を整然と動かしたという。

この一揆は遠野侯の尽力により、目的を達したかにみえたが、藩は平然と約束を破り、前にも増す重税をかけてきた。弥五兵衛は再度の一揆を決心し、領内をひそかにオルグ中に捕らえられ、盛岡で獄死した。六十歳だったという。

弥五兵衛の魂は同じ村の畠山太助、喜蔵などに引き継がれ、六年後の嘉永六年（一八五三）、一揆は再び田野畑村を出発した。アメリカの黒船が開国を求めて江戸湾に現れたとき、三陸沿岸では大一揆が起きていたのだ。

野田・宮古・大槌《おおつち》にわたる百数十ヶ村の村々から、一万六千の百姓、牛方、漁民、鉄山、製塩で働く人、山伏や僧侶までが、ホラ貝を吹き「小○」と墨書したむしろ旗のもとに集まった。小○とは「困る」という意味で、リーダーの表現の巧みさに打たれる。

止めようとする役人には大地を踏み鳴らして、

「だまさんな（だまされるな）、だまさんな（だまされるな）！」

と大合唱。

四十九ヶ条の要求をもって今度は隣りの仙台藩に越訴。藩主を代えてほしい、できぬなら仙台領にしてほしいと訴えた。これは藩政を真っ向から否定する例をみないものだ。

一揆の代表者四十五人は、百数十日にわたるねばり強い交渉の末、一人の犠牲者も出さずに四十九ヶ条の要求を貫いたという。その上一揆の代表者たちは一切罰しないという「安堵状」までもらって帰村した。南部藩の悪徳役人は、責任を問われて身帯家屋敷取り上げの上蟄居《ちっきょ》、勘定奉行、大目付以下二百数十名の役人が罷免。藩主の南部利済は幕府に叱責されて江戸下屋敷に謹慎を命じられた。

この嘉永の三閉伊一揆は、江戸時代二百数十年間に南部藩で展開された百三十三回の一揆の中で、もっとも傑出したものという。そのたたかいのみごとさを、劇団わらび座の茶谷十六さんは日本農民闘争史上の金字塔と称えている。一揆の導者たちは、「百姓は天下の民」「われ万民のために死なん」などの崇高な言葉を残している。

この十五年後に江戸幕府は倒れる。「明治維新」のかげに、封建制度を打破しようとする革命のようなたたかいがあったのだ。明治新政府は「広く会議をおこし、万機公論に決すべし」という五箇条の御誓文を出してスタートする。

しかし、時代は五箇条の御誓文はどこ吹く風、天皇に全権をにぎらせる専制政治に向かう。岩手県令、島惟精は三閉伊の人びとを土人、土民と呼んで一揆を評価しなかった。徒党を組んで国家にもの申すことを政府は怖れたのだろうか。

眠っていた三閉伊一揆のたたかいは、岩泉高校田野畑分校の教師だった佐々木京一さんやわらび座の茶谷十六さんが掘り起こしている。リーダーだった弥五兵衛と太助の像は、田野畑村民俗資料館の丘に未来を見つめて昂然と立っている。

羊を襲う

天長さまが盛岡を訪れた明治九年、イギリスの婦人イザベラ・バードは、馬で山形から秋田、青森、北海道を旅している。彼女は『日本奥地紀行』という貴重な見聞記を残したが、そこに三十パーセントの人の顔に天然痘にかかったあばたの跡があり、宿屋は不潔で悪臭がし、ノミだらけで眠れないと書いている。しかし、子どもたちは笑顔で遊び、争っているのを見たことがない。下帯一つの男親たちがよく赤児を抱いてあやしている、と親子関係を褒めている。生活程度はともかく、みちのくの人々の家族愛は西洋の婦人を感心させたのだ。

さて、ご巡行の馬車がけわしい道を越えて、夕方、福岡（二戸《にのへ》市）の町へ入ると、万代橋のたもとに、稲荷神社の白狐が拝謁に出たと騒ぐ男がいた。天長さまにお見せしたいと引いてきた羊を、神の使いの狐かと思ってたまげたのだ。

十五頭の羊が、福岡の蛇沼政恒に飼われだしたのはこのひと月前からだった。東京駒場の牧羊飼育場から陸路を二十三日かかって追ってきたもので、岩手に羊が入った初めてのこと。政恒は、一頭の羊を「天長さまの食膳に」と差し出すが、前例がないと断わられる。しかし、宿舎に引いていってお目にかけると、政恒は激励されて金一封をいただいた。

この大切な羊を狼が襲う。

蛇沼政恒は会輔社という政治結社の人びとを率いて、岩手の北端、奥羽山脈の一角に牧羊場を開いていた。そこは上野高原とよばれ、西方には青森、秋田の山々がうねっていた。今は畑作と畜産を主とした山村だが、そのころは一面の原野で、晩秋からはきびしい八甲田おろしも吹く。

政恒は地元の福岡出身でこのとき三十歳、人一倍の情熱家でがっしりした体をしていた。牧夫たちと飼育小屋を作り、住居も建て、外国種の牧羊犬も導入した。県も原野の利用を許し資金も貸した。当時羊毛は輸入品だったから国産化をはかったのだ。

羊は五十頭をこえ、見通しが明るくなりかけた明治十三年の秋、この牧羊場に狼が襲ってきた。政恒は次のように書いている。

「狼は普段はいないが、突然、群れで現れる。初めは退治方法がわからず、八方防ごうとしたがかなわない。その襲撃だが、白昼、羊の群れが草を食べていると、藪《やぶ》の中から数頭の老狼がおどり出る。羊が驚いて散り散りになると、そこを襲って数頭に噛みつく」

狼は日中に狩りをすることもあったのだ。

「狼はまた、夜、小屋の窓を破って侵入することがあった。小屋の中で驚き騒ぐ羊に噛みついて深いキズをおわせた。牧夫がたいまつをかざして駆けつけると、狼は窓から逃げてしまう。即死する羊は少ないが、キズついたものは餌を食べなくなり、やがて死ぬ」

翌年一月までに、すべての羊が狼に殺されてしまった。同志はここで羊をあきらめ、会輔社は解散する。

だが、一人となった政恒はあきらめない。当時、全県的な狼退治作戦も広がっていて、役所から毒薬の斡旋も受けたようだ。明治十五年には県の資金援助を得て、再び上野高原に二百頭の羊を陸送した。このとき、もう狼の害はなくなって、翌春には百三十頭の子が生まれる。

政恒は不屈の闘志で狼や困難と戦い、牧羊家として名をなすが、経営は赤字に苦しむものだった。春が遅い高原で冬の干し草を確保することがむずかしかったのだ。晩年、政恒は酔って川に落ちて死ぬ。（梁部善次郎著『会輔社と上野牧場』）

早春の上野牧場を訪ねてみると、主屋の前にプラタナスの巨木が天をついていた。死んだ牧羊犬の塚として政恒が植えたという。吹く風は冷たかったがヒバリが鳴いていた。

孫の蛇沼耕水さんは牛に転向し、狼退治のくわしい話は伝わっていなかったが、天井裏から見つかったという硝酸ストリキニーネの小ビンが残されていた。百年以上も前にアメリカから輸入された毒薬で、エゾオオカミを滅ぼしたのがこれだった。その白い結晶を肉にすりこんでおけば、食べた狼はひとたまりもなく死んだ。

岩手、青森、秋田にまたがる雪深い高原に生きた狼の一族は何頭だったろう。それほど大きな群れではなかったのではないか。彼らが羊を襲わずに生きられなかったのは悲しいことだ。

エゾオオカミの最後

ここで、ニホンオオカミよりも先に滅びた北海道のエゾオオカミの最後にふれてみよう。

エゾオオカミは大陸の狼の系統で、ニホンオオカミより大きかった。残念なことに明治の半ばに滅び、剝製標本は北海道大学付属博物館に二体しか残っていない。これはシェパード犬より大きくたくましい狼だ。

アイヌはその狼をウォセ・カムイ＝吠える神、と呼んでいた。アイヌは農耕をせず年中鹿を捕って、その肉を食べて生きていた。アイヌの主食は鹿だったのだ。鹿はエゾ地の山野にたくさんいたが、狼の食べ物でもあった。

明治になって北海道の開拓が始まると、進出した日本人は鹿を捕らえて売り出した。犬飼哲夫著『北方動物誌』によると、明治六年の鹿皮の産出高は五万五千枚、明治八年には七万六千枚に達した。恐るべき乱獲！　アイヌの人々はどうしたろう。

明治十一年、開拓使（後の北海道庁）は千歳に鹿肉缶詰工場を設ける始末だった。

ところが、明治十二年の一、二月、記録的な大雪でたくさんの鹿が死んだ。もう缶詰どころではない。飢えた狼は牛馬を狙うようになった。

上野牧場に残された硝酸ストリキニーネ

日高の新冠《にいかっぷ》牧場では、狼を防ぐために牧柵をまわし、夜はかがり火を焚き空砲を撃った。それでも狼の襲撃を防ぎきれない。牧場では背の高い洋種の馬と南部駒、道産子との間に混血馬をつくっていた。指導していたのはアメリ人牧畜家エドウィン・ダン。開拓使が高給で迎えたお雇い外国人だ。彼は明治六年二十五歳で来日し、後に日本人の女性と結婚した。

ダンの『我が半世紀の回想』に、明治九年ごろ、子馬を連れた雌馬九十頭を一つの区画に放しておいたら、十日もたたぬうちに九十頭の子馬は、すべて狼に殺されたとある。ダンは次のように述べている。

「北海道の狼は手に負えない獣であるが、目標になる獲物がいる限り、人を襲うことはない。しかし、夏になって馬が放されると、狼はそれを襲うようになった。成長した狼の体重は三十～三十五キログラムあり、大きな頭と、恐ろしい牙の口を持っていた。一般にやせていたが、筋肉はたくましかった。毛の色は夏は灰色であるが、冬には灰色がかった白になり、毛は厚くなる。足跡はその大きさですぐわかる。一番大きな犬の足跡の三、四倍あり、爪は長い。足が大きいお陰で、狼は深い雪の中でも早く走れる。逃げる鹿は、雪さえなければ簡単に狼をふりきることできるが、深い雪ではすぐ疲れて狼につかまった。明治十二年、記録的な大雪で、たくさんの鹿が死ぬと、飢えた狼は馬の囲いのまわりに集まってきた。狼は放牧地の中で子馬を殺してから、親馬のほうも殺しはじめた。我々は狼を絶やすか、馬の育成事業を打ち切るか、決めなければならなかった」

鉄砲で狼を退治することは、なぜか不可能だったらしい。役人たちはダンの指導で毒殺することにし、東京と横浜の硝酸ストリキニーネを買い占めた。

「二十人ばかり、馬に乗った男たちの巡邏《じゅんら》隊を組織して、毎日、毒を入れた肉の固まりをあちこちに落とさせた。殺された馬の死体が見つかると、それにも毒薬を仕こんだ。狼は一切れの生肉の誘惑にもこらえられない。最初の日に五頭か六頭の死んだ狼が発見された。硝酸ストリキニーネは急激に作用し、しばしば水のあるところで狼は死んだ。毒で喉がかわくらしい。収穫は最初の日が一番多く、一週間か十日は毎日何頭か死に、やがて数週間、何の収穫もなくなった。何百という死んだキツネやカラス、アイヌ犬も畑のそばにころがっていたが、もちろん避けられないことだった」

開拓使は明治十年から狼退治の奨励にのり出し、一頭の捕獲に二円の賞金を出した。翌十一年には七円に値上げ、十五年には狼害の多い札幌地方では十円にした。これによって賞金の支払われた狼の数は明治十四年に百二十一頭、十九年には四百三十二頭に達した。こうして狼は一掃され、産馬事業は軌道にのる。

犬飼哲夫氏によると、北海道の狼は明治十九年ごろにはほとんどいなくなり、賞金を目当てにアイヌ犬を持ってくるような者が出た。そこで賞金制度は明治二十一年には廃止された。この奨励制度で捕獲された狼の数は、ほぼ十年で千五百三十九頭だった。

犬飼哲夫氏は、届けられずに死んだものを考えて、北海道には二、三千頭の狼が生息していたと推測した。そして明治二十九年、函館の毛皮商が狼の毛皮若干を輸出したという記録を最後に、この大型の狼は惜しくも絶えてしまった。

エゾオオカミの毒殺に使われた硝酸ストリキニーネは半透明の小さな結晶で、フジウツギ科のマチンという植物の種子からとれる。激しい痙攣《けいれん》を起こす毒薬だが、微量なら人の薬になるという。

この毒薬が上野牧場に残っていたことから、蛇沼政恒が狼退治にこれを使ったことがわかる。北海道の成果は岩手県庁にも伝わり、その斡旋で政恒はアメリカ製の劇薬を手にしたのだろう。

遠野の牧場にも狼害

同じころ、遠野でも狼による牛馬の被害があったと『遠野の生んだ先覚者　山奈宗真』に記されている。

山奈宗真は北上高地で牛馬の育成改良を行ない、養蚕を奨励して製糸工場を経営した。西洋野菜を導入し、遠野に農業試験場を開設した。

宗真は明治三年、最初の牧場を遠野、川井、大槌にまたがる白見山に開いた。早池《はやち》峰《ね》山を間近に見上げる一角で、ブナやミズナラの大木が茂り、夏はコマドリが鳴く深山だ。

この牧場に、希望にもえて牛馬二十数頭を放牧したのだが、翌年四月、牛四頭と馬五頭を狼に殺された。そこで監視をつけ夜番もおいたが、八月には牛二頭と馬四頭がやられる。

牛馬の半数以上を失って、明治五年十月、宗真は白見山牧場を閉鎖した。それから村の猟師を督励して狼退治につとめたのだろう、罠《わな》をかけ、毒薬もまいた。

明治八年からは、狼狩りのブームも起きて狼の姿はめっきり減った。そこで宗真は明治九年に立丸牧場、同十五年に大野牧場を開いている。どちらも白見山から遠くない所だ。

このころ、岩手県は畜産振興のためにデボン種の洋牛を輸入して貸付け、官四分、民六分の子分け制をとった。デボン種は寒さに強く、在来種の和牛より大型だったという。宗真もこの制度を利用して牛の頭数を増やした。明治十五年の総貸付数は九百四十七頭。このうち変死したのは五十八頭で、多くは狼に殺されたという。この大型種でも子牛の被害はあったのだ。

Ⅷ　狼の首に賞金

賞金をもらった人はどこに？

明治になって、岩手の狼にどのような悲劇が見舞ったのだろう。北海道と同様に、岩手の狼狩りは急速に進んだ。先に狼狩りブームが起きたと記したが、これは岩手でも捕獲に対して賞金を出したためだ。

初版の『岩手県史』に、その賞金についての相談がのっている。

「明治三年五月十日、豺狼が家畜を殺傷する害が少なくないので、これを捕獲する者があれば、賞金を若干、旧貫により与えていました。民事局によれば、

沼宮内《ぬまくない》（岩手町）農　由松

同　農　多次郎

右の者どもが子狼四匹を生け捕りました。ご褒美は一匹につき三百文なので、そのようにしましょうかとお伺いしたところ、七百文ずつ与えよとご下命がありました。したがって親は男狼一匹につき、一貫五百文だったのを三貫五百文にしてはいかがか

とご相談いたします」

賞金のベースアップの伺いで、県令は、そのようにしろと返事をした。

だが、これでも被害は減らない。南部馬は県の重要な産物で、明治五年に徴兵制が敷かれると急速に軍馬としての需要が高まった。

そこで明治八年、初代県令島惟精は狼捕獲のご褒美を大幅に値上げすることにした。江戸時代、狼の首に賞金をつけた藩は少なくないが、明治になってもつけたのは岩手県と宮城県、北海道だけだ。ほかでは、狼はもうとるに足らぬものになっていたのかもしれない。

その通達文は次のとおり。むやみに難解なので読みやすくした。

狼捕獲の報労金

雌狼	一頭	八円
雄狼	一頭	七円
子狼	一頭	二円

岩手県は牧畜が有名で、古来、よい牛馬を産し、人民の主要な産業の一つになっている。立県以来、牧場が開けてゆき、放牧の盛んなことは、ほとんど国内一である。

ただ、わざわいのもとは、深山にこもる狼で、ややもすれば牧場に侵入し、よき子馬子牛を噛み殺すのみならず、母牛、雄牛をも倒す。各地区からの被害報告は毎月ある。これを土人にただすと、近年、被害は蔓延する勢いがあるという。

人民が日夜愛育し、すでに家産となっているものを、かの猛獣のために奪い去られるとは、まことに遺憾である。推察するに、恐らく乳狼が村落に出没しているのだろう。

今、天皇の世紀となり、極悪人は絶えたのに、狼だけが暴れまわるのは、県政の欠陥といわざるを得ない。今般、衆議をつくして猛獣を殺し、人民資産の亡失を防ぐことは土民にとって重大事である。いやしくも志のあるものは、皆発奮し、多獲の方法に知恵を絞るように。その殺獲の労に報いる金額は、まったく個人の所有物を保護することなので、一ヶ年五十頭以下は各区現在の角蹄数に課し、それ以上は当庁、賦金《ぶきん》の中より支給する。

以上は鉄砲の外、罠、落《おと》し穴などで殺獲した場合の手当てである。ただし落し穴は明治六年布告の通り、田畑や村落の近くに仕掛けることは禁止する。深山広野の人跡絶ゆる地に設け目印を立て、ナワ張りなどをしておくこと。

狼を殺したら県庁まで差し出すように。その地方から県庁まで運ぶ際は、狼一頭につき二人の人夫賃を十里ごとの割りで計算し、子狼は一頭につき一人の人夫賃を渡すこと。

右の通り布達する。

明治八年九月八日　　　　県令　島　惟精

当時、米の値段は一石がほぼ三円だった。すると狼穴で親子数頭を殺せば一年分ぐらいの米代になったことだろう。

「猟師たちは目の色を変えて狼狩りに熱中し、各地に狼成金が出現したのではないか？　読者でこの賞金をもらった人を知っている方はご一報を」

私は岩手日報紙に寄稿した原稿に何度か書いた。というのは、この賞金は有名で、たいていの市町村史にのっている。しかし、もらった人の記録は見たことがなかったからだ。

狼で大金を手にした猟師は、鼻高々で子孫に語ったことだろう。わずか百年ちょっと前のこと、六十二もある市町村史（平成の大合併前）や郷土史に残りそうなものなのに……。

便りがあったのはただ一つ、安代《あしろ》町（現八幡平市）の畠山政男さんからで、同町浅沢の若者が、四円をもらった記録があるという（後述するが、これは明治八年のものではなく、十年以上後につけられた賞金だった）。

さらに探してみると、『大迫町史《おおはさま》』に、

「狼は猛獣なるがゆえに、明治初年お上の命令により、猟師たちの手によって多数射殺された。現物と引き換えに懸賞がもらえたので、狼を棒にぶら下げ、十余人もの狩人たちが、次から次へと山から下りた」

とあった。町史編纂委員の両川典子さんによれば、これは同町の高橋輝蔵さん（明治三十三年生まれ）がガリ版刷りで残したもの。高橋さんは故人で、真偽のほどはわからないという。しかし、現物と引き換えの賞金は出ていない。難しいもんだと、私は天を仰いだ。

県庁に狼が四十頭

明治九年の明治天皇東北ご巡幸の際の島県令の言葉をもう一度振り返ってみよう。盛岡の大物産展で、鎖でつながれた狼の子を前に島県令は語った。

「この地方は有名な馬産地ですが、毎年狼害にかかるものが多く、年によっては四、五十頭も食い殺されます。そこで、昨年八月ごろ県庁では、狼を捕らえたものへ雄で七円五十銭、雌は八円五十銭、子は三円、遠方の者へは旅費も与えることも定め、県庁が買い上げることにしたところ、一年足らずで四十頭ほどを捕らえることができました。この狼の子も、親を打ち殺したときに生け捕ったものです。係によれば、今も追々狼を捕らえ、持ってくる者があるとのことです」

若い天皇は、毛を逆立てる狼をしげしげと見たことだろう。すでに狼は全国的に珍しいものになっていた。しかし、この文では狼の賞金額が不正確で、正しくは雄が七円、雌は八円、子は二円だ。また、県庁が買い上げることにしたという説明は事実と違う。実際は翌年以降に各村の牛馬の持ち主から負担金を集めて報労金としたので、狼の捕獲者が村からお金をもらうのは一、二年後のことだったろう。

とはいえ、四十頭あまりの狼が県庁に届いたのは事実なのだ。では、その捕獲者は誰だったのだろう？

絵に描いた餅か

宮古市の図書館には郷土史編纂室があって、そこに山口村の三上家文書「明治十年・獲狼手当金受払簿」があるという。大喜びで古文書の狼狩りをのぞきに行った。山口村は今は宮古市で、宮古市は三陸復興国立公園の中ほどにある。この国立公園は岩手県から宮城県の一部にひろがる太平洋岸にあって、夏にはミサゴやハヤブサが繁殖し、珍鳥クロコシジロウミツバメの繁殖する日出島もある。冬は少数だがオオワシ、オジロワシが必ず姿を見せる。

JR宮古駅は宮古湾にそそぐ閉伊《へい》川河口のデルタの中央にある。駅から北へまっすぐの大通りは商店街だが、そこを七百メートル行き西町へ曲がる。西町も直線で七百メートルあり、それから北のほうへ三百メートル曲がる。この西町一帯が山口村だった。

今はにぎやかな町に変貌したが、狼がいたころは六十八戸の寒村だ。平地は田畑で丘のような山がまわり、草ぶきの家が田畑を見下ろしていた。村の半数は一、二頭の馬を飼い、牛を飼う家もあった。雑木林に囲まれ、ワラビのとれる採草地が広がっていた。

この村の山際に組惣代の三上与惣治は住んでいた。そこへ県令の文書が届いた。

「狼に県庁が賞金をつけたぞ、雌は八円、雄は七円だ」

八円とは大金だった。組惣代は後に村長になる戸長なのだが、その月給は米で約二石だった。一石の相場は三円だったから、戸長の月給より狼一匹の賞金が高かった。

「それ、狼を捕れ！」

村はわきかえった。我れも我れもと火縄銃や槍を持ち出し狼狩りに血眼になった。

その秋、最初に仕留めたけものを男たちは意気揚々と持ち込んだ。惣代に一筆書いてもらうと、その手足をしばり、そこに棒を通して肩に担いだ。

けものは筋肉質でやせている。さして重いものではない。だが、盛岡までは二十七里（約百八キロ）の悪路だ。閉伊川ぞいのセントク、フッタ、カドマなどアイヌ語地名のびっしり並ぶ街道をたどり、けわしい峠をいくつも越える。

途中の民家で一泊し、二日目の夕方、男たちはようやく盛岡へ着いた。ご褒美の報労金と運賃十里づめ二人夫だから、六人分の日当をプラスした大金をもらえるはずだった。

「帰りにゃ、ご褒美で一杯やっぺえし」

「ほだほだ（そうだそうだ）。やっぺやっぺえ！」

二人は胸ふくらませて獲物を県庁へ持ち込んだ。すると、県庁の役人はじろりとけものを眺めると顔をしかめた。それから思いもかけない鑑定をくだした。

「お前ら何を持って来たんだ、こんなものは狼ではないぞ」

「ややや っ！」

「よく見ろ……狼はな、もっともっと大きいんだ。これはノラ犬だろうが」

山口村の二人の猟師はびっくり仰天した。

「お前ら、犬と狼の区別がつかないのか。これ、耳は半分たれているし斑がある。ノラ犬だ」

二人はまったくの田舎者だった。恥ずかしさに顔を赤らめて、

「申しわけながんす、申しわけながんす」

平謝りに謝って県庁を出た。

それからどうしたろう。二人はそのノラ犬をまた山口村まで担いで帰ったのだ。

「こ、こいつは狼ではないのか、これはしたり（失敗）！」

組惣代の三上与惣治も頭を抱えた。すると村には意気込む若者がいた。

「よおし、おれさまが本物の狼を捕ってやる」

それから山口村では奮起した男たちが狼らしきものを追い、合計二十二頭、一人で四頭も殺す者もいた。しかし、狼と思ったものはすべてノラ犬だった。

当時、岩手県に生息していた犬は、柴犬か中型日本犬のサイズがほとんどではなかったか。ニホンオオカミは秋田犬より少し大きいという。

このことがあってから、組惣代は村人の持ち込むけものに厳しい目をむけた。「明治十年・獲狼手当金受払簿」が残っていたとはいえ、県庁に差し出したのは最初の一

頭だけで、その後は運んでいない。

「ご褒美がもらえる狼は……、一体どこにいるんだ」

組惣代の三上与惣治はため息をついたろう。私も大いに落胆した。

山ひとつ向こうの鈴木栄太郎さんは、狼は珍しくなかったと語ったが、明治十年代にはもう珍しいものになっていたのではないか？　真実を掘り起こすのは容易ではない。

東北歴史博物館の村上一馬さんによれば、文化五年（一八〇八）に八戸《はちのへ》藩で犬を退治しており、その数は四百四十四頭だったという。現地は宮古市の約百キロ北にある。そこにこれほどの野犬がいたのなら、宮古の山口村に少々の野犬がうろついていても不思議はない。

IX 売り物になった狼

六年分、百九十七頭の捕獲記録

なんとかして本物の狼にたどりつくことはできないか。

岩手県が発行したり受領した文書は、県庁の公文書庫に保管されているという。そこに手掛かりがあるのではないか。

私は北上高地を越えて盛岡まで出かけた。閉伊《へい》川の渓流にはヤマセミが飛び、カワガラスもあちこちにいる。初秋のことで、峠の松草のあたりには無数の赤トンボが飛んでいた。

盛岡に着いて県庁の裏手にある公文書庫に入り、棚に積まれた明治時代の文書の山をあちこち探した。すると、ややややっ、「狼獣殺獲手当及皮肉払代差引比較表」なるものがあった！

報労金がついて県庁に届けられた狼の数と計理の文書、明治八年から十三年までの六年分という！

なんということだ、こんな大記録が眠っていたとは！

私は愕然とした。これは日本の狼滅亡史にとって前代未聞の重要なものではないか！

全国の狼の記録はというと、明治十四年三月、秋田県仁賀保町（現にかほ市）で撃たれた雌を見たと山形の松森胤保《たねやす》が『両羽博物図譜』に絵を残している。この図譜には、明治十六年五月、山形で生きているものの見世物、明治十八年一月には酒田で死体の売りもの、明治二十三年八月には、生きている見世物の絵があるが捕獲地は不明。

岩手県庁の公文書庫

信濃毎日新聞社編『しなの動植物記』によると、明治十五年ごろ、長野県前烏《え》帽《ぼ》子《し》山麓で捕獲された狼の頭骨が県立上田高校にある。また国立科学博物館の小原巌さんによれば、神奈川県の丹沢地方には狼の頭骨を魔除けにしてきた家が十数軒あるという。

この程度の記録しかなく、明治時代の狼捕獲例はまさしく資料不足なのだ。

県庁に届いた狼は、図鑑もない中で、まず職員と巡査の二人が本物かどうかの鑑定をしている。なるほど、ご褒美の前に犬か狼か鑑定することが先決だった。中型日本犬より大きいか、耳が鋭く立っているか、毛色に白とか茶とか斑が入っていないか、尻尾はたれているか、牙は鋭いか……などなど。

その狼が「本物だ！」と鑑定されるとどうしたろう？

夏に捕獲された狼は、記録だけを残して恐らく捨てたのだ。地方から盛岡まで運ぶ数日間にハエがついて腹がふくれ、ぷんと異臭がしたものは役に立たない。

では、秋から春までに届いた場合には……。狼はなんと売り物になった！

その会計記録を開いてみよう。


〈初回の捕獲——四十七頭〉

明治八年九月から十ヶ月間の狼の捕獲数は四十七頭に達した。すると報労金は二百五十四円で、狼を運んだ人夫賃は四十五円十三銭九厘となった。

そのうち、皮を剝いたのは二十二頭で、剝いた者に払った労賃は二円二十銭。報労金と運賃、剥き賃の合計は三百一円三十三銭九厘となった。

これを県下の牛馬の持ち主に負担させるのだが、負担金を少しでも軽くするために売れるものは売って、その金額を差し引いた。夏皮を除いた二十二頭の毛皮が九円に売れた。夏皮というものはそもそも役に立たない。その二十二頭の肉・胆・舌も売り物となって、代金は十四円六十四銭八厘となった。

報労金と運賃、剥き賃の合計から毛皮と肉・胆・舌代を差し引くと二百七十七円六十九銭一厘となる。これを県下の牛馬数、七万七千七百六頭に負担させると一頭につき三厘五毛七三一の徴収で狼の報労金を出すことができる。鮮度の落ちた二十五頭はお金にならなかったのだ。


〈二年目の捕獲――二十五頭〉

明治九年七月から一年間の捕獲数は二十五頭で、報労金は百五十一円。運賃は三十八円十七銭九厘、剥き賃は十三頭で一円三十銭。合計百八十六円八十二銭五厘。

お金になった毛皮は十三頭で三円五銭。肉・胆・舌は八頭分で三円六十五銭四厘で、差し引き百八十三円七十七銭五厘となった。これを県下の牛馬数十一万八千二百三十頭に負担させると、一頭につき一厘五毛五四三八五の徴収となった。前年より牛馬数が増えているのは、県南の旧磐井県が宮城県から岩手県になったからだ。

〈三年目の捕獲——四十三頭〉

明治十年度の捕獲数は四十三頭で、報労金は二百七十一円。運賃は五十四円八十七銭八厘、剝き賃は二円で、合計は三百二十七円八十七銭八厘となった。収入は毛皮が二十枚で四円、肉は三頭分で四十五銭。この金額を差し引くと三百二十三円四十二銭八毛。これを県下の牛馬数、十一万四千百八十五頭に負担させると、一頭につき二厘八毛三糸二忽四九一の徴収となった。

〈四年目の捕獲——三十六頭、カセキは十四頭〉

明治十一年度の狼の捕獲数は三十六頭で、ほかにカセキの親七頭、子七頭が入っている。カセキとは狼とも犬ともつかぬ正体不明のものをいった（詳細はⅦ章）。運んできた狼には、血や泥がこびりつき、毛並みのひどく汚れたものもある。その死体を前にして、猟師と県庁の役人（鑑定人と巡査）との間に、

「これは狼ではないな」

「何を抜かす、立派な狼だ！　この野郎！」

明治8年～13年の狼殺獲数（岩手県）

	雄	雌	幼	計
明治 8 年	20	10	17	47
明治 9 年	7	11	7	25
明治10年	13	20	10	43
明治11年	17	10	9	36
明治12年	8	4	12	24
明治13年	8	4	10	22
計	73	59	65	197

「待て待て、興奮するな。それじゃ……カセキだろう」

「なにおっ！」

という口論が起きたろう。

そこで平謝りして逃げ帰った山口村の男たちと違って、県庁でどなり出す人相の悪い猟師がいた。彼らは鉄砲やマキリ（短刀）を持っている。

「島県令を、ここに出せ！」

そこで県庁ではいきりたつ猟師をもてあまし、カセキにも報労金を出すことでなだめたのではないか。カセキの報労金は雄狼七円の半分で三円五十銭、子は一円にした。

運賃は四十四円十銭三厘。皮の剝き賃は五枚で四十銭、これらの合計は二百九十三円十銭三厘。収入に当たる毛皮の代金は狼が五枚で一円三十銭、肉の代金は三頭分で九十銭だった。これを差し引くと二百九十円九十銭三厘。この金額を県下の牛馬数十万六千三百六十八頭に負担させると、一頭につき二厘七毛三糸四忽八七の徴収となった。

〈五年目の捕獲——二十四頭、カセキは二頭〉

明治十二年の狼の捕獲数は二十四頭で、ほかにカセキが二頭入っている。報労金は百十九円。運賃は三十一円五十三銭一厘。皮の剝き賃は一円十銭で合計百五十一円六十三銭一厘。収入は毛皮八枚のみで三円八十五銭だった。

この年から肉や胆は訳あって売れなくなった（後述）。差し引き百四十七円七十八銭一厘。これを県下の牛馬数十一万五千二百七十八頭に負担させると、一頭につき一厘四毛〇三七四の徴収となった。

〈六年目の捕獲——二十二頭〉

明治十三年度は報労金を出す最後の年になるのだが、狼の捕獲数は二十二頭で報労金は百十二円。運賃は二十一円七厘で、皮の剝き賃は六十銭で合計百三十四円三十六銭七厘。この年も肉は売れず、毛皮のみの代金は三枚で七十五銭だった。差し引きは百三十三円六十一銭七厘。これを県下の牛馬数の十万五千六百四頭に負担させると、一頭につき一厘二毛六糸五忽二六の徴収になった。

これで岩手県令の命じた狼殺獲の報労金制度は終わった。六年分の狼の捕獲数合計は百九十七頭だった。正体不明のカセキも加えると二百十三頭だ。

狼の肉や舌を好んで食べる！

狼の皮を剝いて肉をさばく仕事は、恐らく盛岡の下厨川《しもくりやがわ》に住んでいたなめし業者にさせた。彼らは主に獣皮のなめし加工をし、鹿皮で上等な外出着の羽織を作ったりしていた。

業者は地面にヒバの葉か小枝を敷き、その上に狼の死体を仰向けに横たえ、小刀で口元から喉、下腹まで一直線に刃物を入れ、前肢と後肢にも刃物を入れて皮を剝いたろう。尻尾の骨は胴体につけたままスポンと引き抜く。そして内臓や腸は捨てた。これは血のついた汚れものだ。

ヒバの葉か小枝を敷くのは、赤裸の肉に土や砂がつかないようにするためだ。皮は毛のついたほうを裏にして、板の上一杯に大の字に広げ、上下左右を釘で打ち止める。このとき、皮の内側に大抵白い脂がついている。これは丁寧にこそげとる。こうして一、二週間干すと皮は乾燥する。それを生皮と呼んだ。生皮をなめしたものは生きたように柔らかくなる。

狼の毛皮の値は大きさによって違い、一枚につき二十銭から四十銭だった。中国の四川省などでは狼の冬の毛皮は敷皮や着皮にしている。軟らかで綿毛が多く利用価値は高いという。日本の狼も同じだったろう。中国では現代でも狼の筆を売っている。弘法は筆を選ばず、というが実際は違う。中国では狼の毛で作った筆は腰が強く名筆になるという。

肉、舌、胆の値は、一頭につき十五銭から六十七銭だった。盛岡にも肉を仕入れる飲み屋や料理屋があり、狼の肉を好んで食べる客がいた。豆腐や大根、ネギを入れた狼汁か、狼の煮しめにしたのだろう。豆腐やこんにゃく、がんもどきに、普通は鶏肉が入るのに骨つきの狼の肉がごろりと入っていた。

驚いたことに狼の舌にも値がついている。牛タンのように、それが美味なことを知る通人がいたのだ。これらを肴に、のれんを掲げて酒を飲ませる店が盛岡の繁華街にあったとは！　そこには紅白粉《べにおしろい》をつけて色気たっぷりの酌婦もいたろう。

狼料理を出したのは盛岡だけではなかったはずだ。そのころ、猪、鹿、熊、青鹿《あおしし》、穴熊や狸の肉料理はどこでもご馳走だったし、蕎麦屋では鶏だけでなく、キジ、ヤマドリ、ガンカモの肉が入り、鳥肉でとった出し汁があれば繁盛した。また、海辺では生きのいい魚の刺身、アワビやウニとともに、海獣の料理があった。鯨やイルカ、オットセイやアザラシにトドの肉もそうだったし、狼の料理も広く人々の口に入ったのだ。

青黒い狼の胆は、熊の胆ほど大きくはない。しかし、干して薬にした。米粒ほどの大きさにけずって水にとかし、腹痛や二日酔いのときに服用する。苦いものだが効くという。

こうしてみると、盛岡での狼一頭の値段は、小さなものは三十五銭、大きなものは一円七銭した。安いものではない。

ところで、『宮古市史』には「明治六年三月、犬、馬の肉の売買を禁ず」というくだりがある。政府は西洋文明を学ぼうとドイツ、フランス、イギリス、アメリカからお雇い外国人を高給で迎えた。その外国人たちは、

「オーノー、カワイイ犬や馬をコロシテ食べるなんて……ヤバン人のすること！」

大げさに肩をすくめた。それが聞こえて県庁では、

「困ったな、お雇いの先生方がノーというなら、……食べるのはノーだべな」

それで岩手県庁でも、明治十二年から狼の肉や胆の売買を控えることになったのだ。

しかし、お雇い外国人は牛の肉は好食したので、横浜や東京では牛鍋に豆腐と糸コ

ン、ネギを入れたスキ焼をあみだしてアッという間に流行させた。日本人は変わり身が速い。

明治十四年、それまでの官営産馬事業は民営化され、民間組織の産馬事務所が運営することになった。明治十五年には、狼捕獲の手当金は雌六円、雄四円、子一円に減額された。そして明治十六年にこの手当金制度は消滅した。

ところが三年後の明治十九年、新たに「獲狼賞与規則」が産馬事務所によって設けられた。まだ狼の被害はつづいていたのだ。賞与金額はさらに減額されて雌五円、雄四円、子一円となった。この間の産馬事務所の狼捕獲の記録は見つからない。

明治二十三年、産馬事務所は役割を終え、この後岩手県で狼の殺獲に手当を出すことはなかった。

X 狼狩りの証言

狼七十七頭の捕獲記録

岩手県の公文書庫にもっと何か具体的な記録が残っていないか。執念深く探してみると、『獲狼回議』と『狼回議』という二冊の綴りがあった。回議は書類という意味らしい。中を開くと明治十一年と十二年、捕獲した狼を県庁へ運んだ際に、村が猟師に持たせた送り状の束だった。多くは和紙に手書きだ。するとふいに私の視界は曇った。うれし涙がこぼれたのだ。

まさに前記六年にわたる狼捕獲数の四年目と五年目の捕獲者氏名があった！村の戸長や惣代の上中書がついている。くだんの狼が捕獲時に人を襲ったという生々しい証言がある！狼ではないという役人の鑑定書もあった。感激のあまり声も出ない！

まえがきにも書いたが、私は若いときに狼の絶滅を信じていなかった。狼がどこかに生存していると思い、昭和三十年から四年半も奥羽山脈の秘境の村で小学教師をして暮らしたし、冬の北上高地を徒歩で横断したり、めぼしい山には寝袋で泊まって遠吠えが聞こえないかと耳を澄ました。

しかし、狼はもう影も形もなかった。教える人もどこにもいない。無論、文献は見つからない。どこでどのような最期をとげたのか見当もつかなかった。

それが岩手県の公文書庫に、狼の七十五頭の捕獲地と八十数人の猟師の住所氏名が、五十五件の保護届けとしてごっそり眠っていたのだ。捕獲された狼がすべて本物かどうかは別として、ニホンオオカミの正体を再検討するための貴重な資料となろう。

では、明治十一年の『獲狼回議』、十二年の『狼回議』の二年分をまとめて開

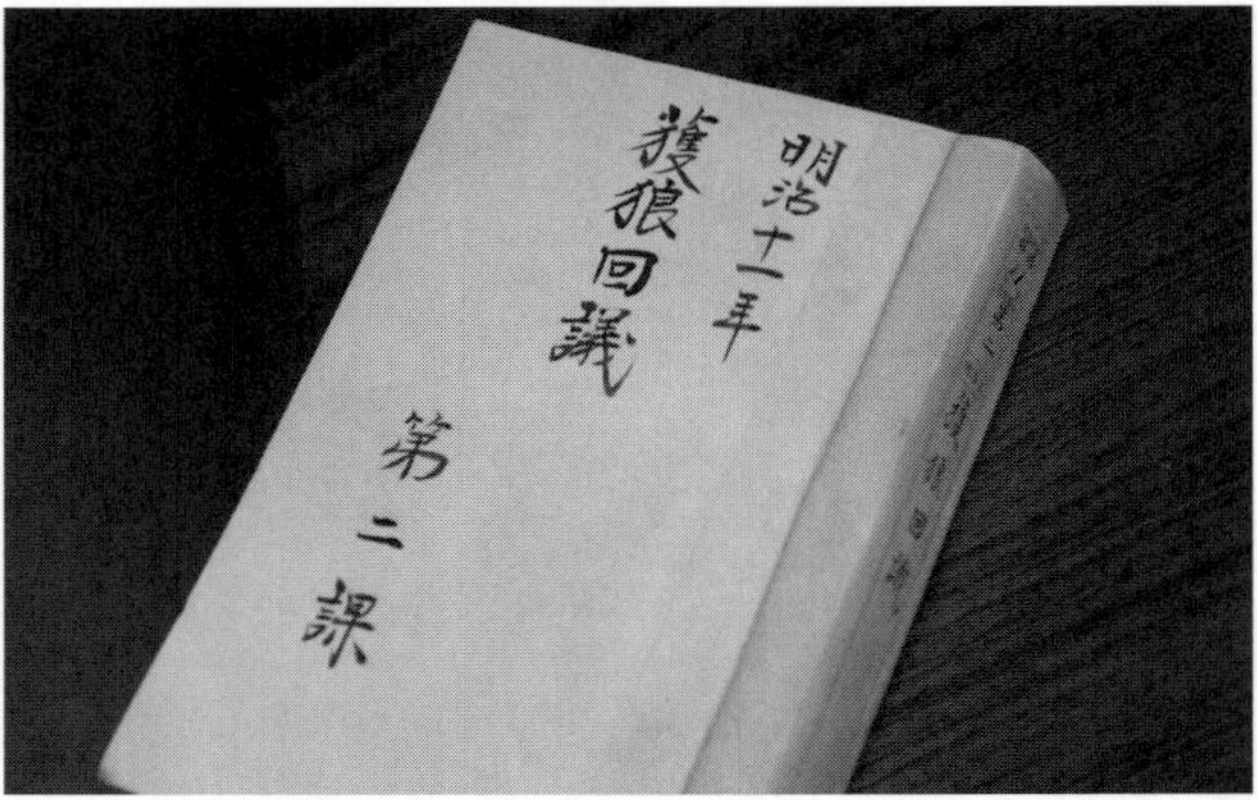

岩手県の公文書庫に残っていた明治11年の『獲狼回議』

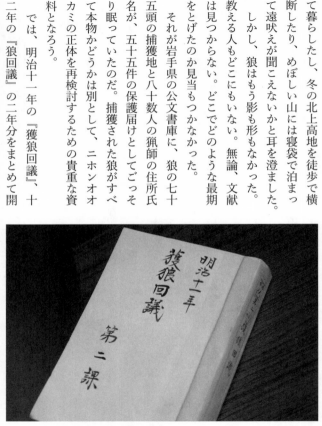

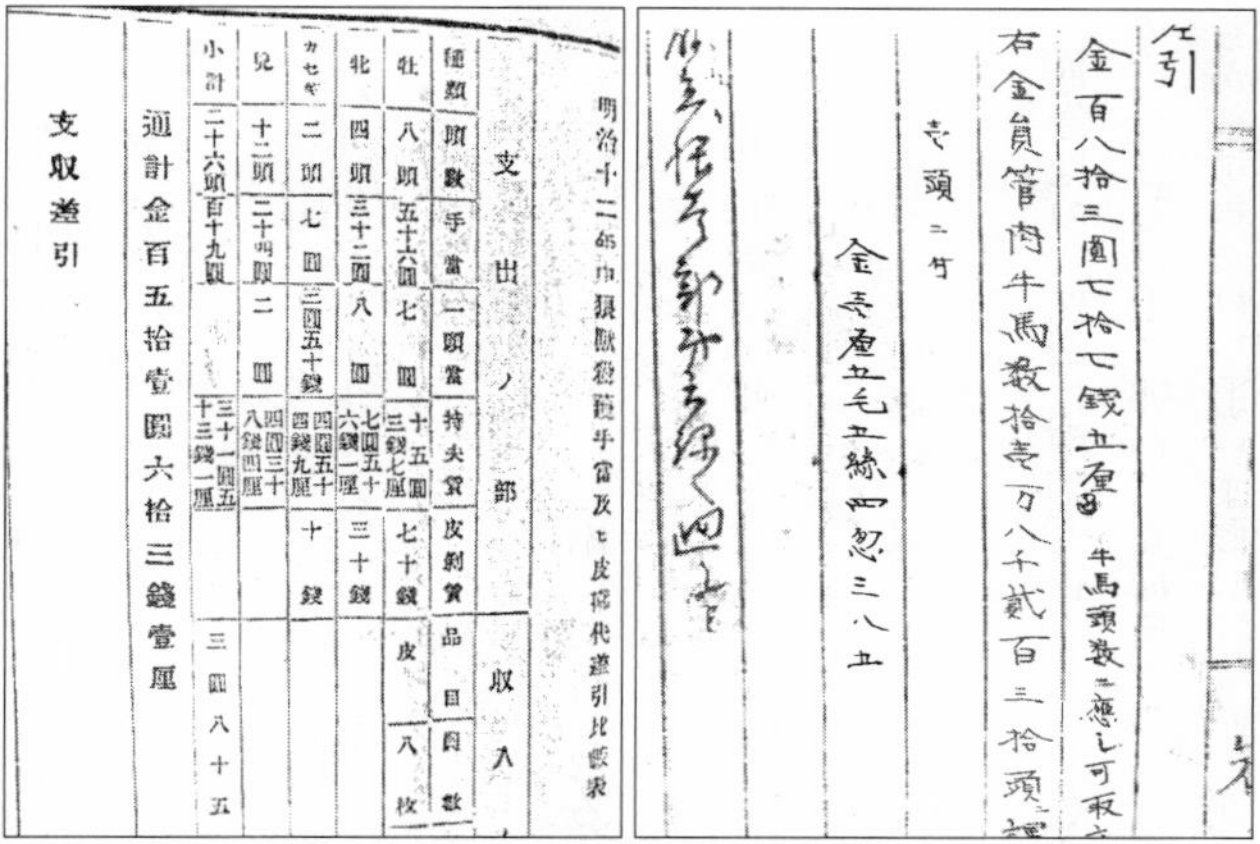

明治十二年中狼獣殺獲手当及ヒ皮採代差引比較表

支出ノ部						収入	
種類	頭数	手当	一頭当	特夫賞	皮剥賞	品目	員数
牡	八頭	五十六圓	七圓	十五圓三銭七厘	七十銭	皮	八枚
牝	四頭	三十二圓	八圓	七圓五十六銭一厘	三十銭		
カセギ	二頭	七圓	三圓五十銭	四圓五十四銭九厘	十銭		
児	十二頭	二十四圓	二圓	四圓三十八銭四厘			
小計	二十六頭	百十九圓		三十一圓五十三銭一厘		三圓八十五	

通計金百五拾壹圓六拾三銭壹厘

支収差引

差引

金百八拾三圓七拾七銭五厘

明治12年『狼回議』の文面。左は収支の比較表

いてみよう。

記録を読み解くだけでなく、登場する場所に私はすべて足を運び、捕獲者の子孫を訪ねて何か話が残っていないか聞いてみた。

五十五件の保護届けのうち三十七例は北上高地の北から南の村々で、早池峰《はやちね》山から遠野付近や、海ぞいの五葉山付近にも多い。十八例は北上川流域の平野部から、県都盛岡市付近に集まっていた。なお、末尾の番号は整理のためにつけた。

大勢で巻き狩りか

まず、青森県境に近い岩手県九戸《くのへ》郡の海岸段丘の大地から。今は久慈市で、東端の高台に出ると眼下は太平洋で海鳴りの音が聞こえる。

御　届

阿子木村（大野村＝現洋野《ひろの》町）

農業　長代《ちょうしろ》彦七

農業　野場□□

農業　須田丑蔵

農業　長川《おさがわ》八太郎

一、雌狼一頭

右は去る二十五日、南侍浜村（現久慈市）久保畑で殺獲したと届けましたので、ご検査の上、ご賞誉くだされたくお願い申し上げます。

明治十一年一月二十八日

副戸長　南部□郎 ①

岩手県令　島　惟精　殿

捕獲地の久保畑は南部九牧《まき》の一つ、久慈市の北野にあった。藩政時代には牧があって、しばしば狼に襲われた海ぞいの場所だ。ここで、大野村から遠征してきた猟師たちが狼を見つけ、追いまわして一頭の雌を仕留めた。狼は数頭の群れだったかもしれない。

盛岡まで二十八里三十一丁（約百十キロ）と通運会社の証書。役人と巡査が連名の「検査御届書」の三枚一組になっている。戸長は後の村長だ。

長代彦七さんらは狼の足を縛り、棒を通して前後を担いでいった。大野村から九戸街道の軽米《かるまい》をまわり、峠をいくつも越えて盛岡へ出た。今では車で二時間ちょっとだが、当時は途中で一泊しなければ着けなかった。

大野村を訪ねると、長代さんの子孫は北海道に渡って音信不通。彦七さんらが狼を捕った話は誰も知らない。彦七という名前さえ消えていた。みなびっくりして顔をしかめる。

「狼なんて……どこにいたのさ？　信じられねえ」

なお、提出した戸長の氏名、県令の宛名は以下は省略。検査御届書もほぼ同文なので略し、里数帳もはぶいた。

御届

阿子木村

農業　長川　定

農業　中野重太郎

他八名

一、雌狼一頭
右は去る三日、当郡阿子木山で殺獲したのでお届けいたします。
明治十一年二月六日　②

次も久慈市の西隣りの大野村の狼狩りだ。大野村はその名のように、ゆるやかにうねる野原の国で、高さ二、三十メートルの丘がはろばろとつらなる。狼の群れが鹿を追ってかるがると疾駆しそうな景色に目を細める。ホオジロがあちこちで歌い、アカハラもキョロン、キョロン、ツリーと囀っている。アカハラは各地で激減して、もう盛岡近辺では鳴かなくなった。

長川定さんの子孫の吉郎さんによると、定さんは天保七年（一八三六）生まれ、大正十二年に八十七歳で亡くなっている。すると狼を捕ったときは四十二歳だが、話は残っていない。近所に中野姓は二軒あるが、重太郎さんは不明。

捕獲地の阿子木山は集落をつつむ広い範囲という。真冬のことだが、大勢で捕ったところをみると、ウサギ狩りのように勢子《せこ》が追い、とびだした狼を火縄銃で撃ったのではあるまいか。

検査御届

大野村　農業　金沢綱吉

農業　金沢鶴吉

一、雌狼一頭

右は四月一日、大野村字金ヶ沢向かいで、ヒラ落《おと》しによって殺獲したと届け出ましたので検査したところ、狼に相違ないのでお届けいたします。

明治十一年四月二日

③

これも大野村で、場所は県立大野高校の北側。若い松林と雑木が茂り、近くに県道三九五号線が走っている。大野高校のグランドからは野球部の練習の元気のいい声がしていた。

ヒラ落しは、けものが餌を引くと重しの天井が落ちて圧死させる罠《わな》で、主に熊を捕るためにかける。

金沢姓を手掛かりに近くの長老、金沢福太郎さん（八十歳）を訪ねた。

「綱吉は本家すじの人で、力持ちだったと聞きました。つな金時と呼ばれたそうです」

足柄山の金太郎さんのような人だったらしい。しかし、狼捕りのエピソードは聞いていない。綱吉さんから四代目のキヌエさんはかろうじて覚えていた。
「綱吉じいさんが狼を捕って盛岡さ歩いて持って行ったと聞きました。ご褒美をもらったかどうかは……聞きません。子どものころに親が話してくれたのですが、うろ覚えですみません」
まさに盛岡へ運んだ百十数年前の記憶にぶつかって胸が一杯になる。鳥県令がかかげた報労金のために、大野村では熱心に男たちが狼狩りをしたようだ。だが、大金をもらった話は誰も知らない。綱吉さんは明治三十六年に八十四歳で亡くなった。すると狼を捕ったのは五十九歳のときだ。

御届　　　　　　　　　　　　阿子木村　農業　須田福太郎
　　　　　　　　　　　　　　　　　　　農業　上平《かみたい》　松
　　　　　　　　　　　　　　　　　　　　　　　他六名

一、雌狼一頭

右は、当郡阿子木山字欠間毛という所でヒラ落しで殺獲したのでお届けいたします。

明治十一年四月十八日　④

須田福太郎さんもやはり不明。上平松さんは、上平喜一さんの先祖で、喜一さんは七十歳だが狼のことは聞いたことがない。松さんは大正十四年に亡くなった。何歳かは不明。捕獲地の欠間毛は、カゲマッチャではないかという。阿子木公民館のあたり、チャは沢のことという。アイヌ語のような地名。

御　届

北侍浜村（現久慈市）　農業　西野市太郎
農業　外谷酉治

一、狼雄一頭

右は本月十五日当郡北侍浜村の内、字フシハ山で捕獲したと届け出たので、本日当人をもってお届けします。ご規定の御手当を下されたくお願いします。

明治十一年五月十五日

5

久慈市から八戸《はちのへ》市に向かう国道四五号線は侍浜を通る。そこは青森県境に近い陸中海岸国立公園（今は三陸復興国立公園）の北端で、風景は北海道を思わせる。夏にはヤマセという冷害を呼ぶ偏東風が海霧を発生させて、それが流れる日にはカラマツ林が

白くかすむ。農家は牧草地と畑の間にポツン、ポツンと離れている。

その北侍浜村が出てきた。ここには藩制時代には北野という有名な牧があった。原野を数百町歩柵で囲って馬を放したが、しばしば狼に襲われるのだ。『八戸市史』に「宝暦十一年（一七六一）、北野では狼が道に出るので、夕方には通る人がない」とある。盛岡までの里数帳は三十二里二十五町五十五尺（約百二十五キロ）。十里ごとに二人分の人夫賃が出るので距離の記録はこまかい。

捕獲者の西野市太郎さんは大正十一年に七十一歳で亡くなった。狼を捕ったときは二十六歳だが、孫の健太郎さん（七十八歳）は聞いていない。フシハ山は村ではフシパ山と呼んでいる。

西治さんの子孫は海ぞいに二キロ離れた外屋敷に住んでいた。以前は西野さんの隣りにいたが、大酒飲みの息子が借金を払えなくなり、カマドを返して（破産して）引越した。西治さんは明治三十年に八十五歳で終わった。すると狼を捕ったのは六十五歳だ。

西治さんのひ孫の子に当たる福太郎さんの夫人、クメさんは大正十二年生まれで、狼を捕ったなんて初耳という。しかし先祖のことがわかってうれしいと語る。昔は槍があって、猪を捕ったとだけ聞いている。西治さんは豪傑として近隣に聞こえ、アワビとりなど抜群だった。それにあやかるようにと、福太郎さんは長男に同じ名の酉治と名づけた。

クメさんに村を案内してもらって、西村コヨさん（百歳）を訪ねた。お元気だが狼の話はまったく聞いていない。昔は道端でもケヤキやトチ、ミズナラの大木だらけだったというが、近くに肌着工場が立ち、隣りは中学校になっていた。

北野なら狼の伝承が残ってはいるかもしれないと意気込んで訪ねたのだが、ここでも狼の記憶は消えていた。ため息をつきながら、北野のアカマツ模範林を見に行った。樹齢数百年のアカマツの大木が壮大な森となって残されている。これほどすくすく育った松林は岩手でも稀だった。この松が若木のころは、狼の天下だったろう。

御　届

大野村　農業　泥濘《ぬかり》由松

一、子狼二頭

右の者、北九戸郡種市《たねいち》村（種市町＝現洋野町）字大谷《おおや》岳で、昨十二日に生け捕ったと届け出ましたので、ご検査の上ご褒美くだされたくお願いします。

明治十二年五月十三日

6

これは狼の子が捕獲されている。大野村から青森県へつづく八戸街道のほとりに、泥渟という珍しい姓の家は十二、三戸あった。泥渟幸蔵さんが当主だが、やはり狼を捕った話は聞いていない。由松さんは明治四十一年、七十四歳で亡くなっている。村に伝わる狼話は、北にそびえる久慈平岳で牛馬を襲い、蛇石とよばれる大石の下に引きこんで食べていたということだけだ。そこは太平洋をのぞむ放牧地で、蛇石の下は大きな空洞になっている。

狼の子がいた大谷は種市町だが、大野村のすぐ北東の山つづきで鉄山の遺跡が残っている。子狼の報労金は一頭二円だった。二頭では四円、米一石以上に当たる。それをもらいに由松さんは盛岡まで片道二日がかりで歩いて行った。木の皮で編んだ袋にでも二頭を入れたのだろう。子狼は袋の中で身を寄せ合ってふるえていた。生後二、三十日の可愛い盛りのものだったか。もう数頭いた兄妹はどうしたろう。

探しにくい狼猟師

大野村から盛岡へ出る九戸街道の途中に軽米町があって、「エゾと大自然のロマンの森」と名づけられた町を見下ろす丘に歴史民俗資料館があった。そこにシシを突いた槍と火縄銃が展示されていたが、狼の記憶はなかった。昔の馬の放牧地に、狼を祀《まつ》った三峰山の石碑が一つ造林地に埋もれているという。その西隣りの九戸村に記録があった。

御　届

一、児狼二頭

右の者、昨二十三日児狼を捕りましたので運送いたします。

明治十二年六月二十四日

伊保内村（現九戸村）高　橋　菊　松

[7]

六月の末なら、もう十分走りまわる大きさの子狼だろう。菊松さんは盛岡までの二十五里（約百キロ）を途中で一泊している。狼の首に逃げられないように紐をつけ、木箱にでも入れて運んだのだ。

九戸村は南北に細長い。ブロイラーの肥育場がそちこちに見える。かつては北海道に匹敵する高冷畑作地帯だったが、今は開田もすすんでいる。平成三年九月末の台風で県北は記録的な被害をこうむった。屋根やビニールハウスが飛び、根こそぎ倒れた木も多い。

川にはちぎれたビニールが無数にひっかかっている。日本中どこでもそうだが、ビニールは発明しないほうがよかった。このいつまでたっても腐敗しないブヨブヨしたものは、現代社会を象徴している。後はどうなってもかまわないのだ。

役場の裏に高橋亀次郎さん（明治三十四年生まれ）を訪ねた。当時の村に高橋姓は六軒あったが、菊松さんとは聞いたことがない。よく似た高橋福松というマダギがいたことは知っている。その人の子孫はもう村にはいない。どこでもそうだが狼猟師を探すのはむずかしい。

亀次郎さんは、ナカというお婆さんが話したことを覚えていた。

「アイノ山の谷地さ狼を追いこんで捕ったずゥ。アイノ山はアイヌがいたと聞いた。アイヌ山かもしれない」

村の子どもたちは誰もが、

「泣けば、折爪《おりつめ》岳から狼が来っつお（来るぞ）」

と脅されて育ったという。夕方外へ出てみると、くろぐろと折爪岳（八五二メートル）がそびえて遠く近くヨタカが鳴いている。なるほど、狼の棲《す》みそうな山ひだが無数に見えた。

子狼捕りの名人

久慈市から南の山つづきの岩泉町は、民謡の「南部牛追い唄」発祥の地だ。耕地が少なく昔から畜産が盛んだった。天保年間にはたくさんの狼を退治している。ここにも子狼の興味深い記録があった。

御届

安家《あっか》村（現岩泉町）土橋市太

一、子狼七頭　内、雄二頭　雌五頭

右は本月二十七日、安家村の内、高須賀山で捕獲したと届け出ましたので、当人に持参させました。お定めの通りのお手当をくだされたくお願いいたします。

明治十一年四月二十九日　[8]

捕獲地の安家は日本を代表する僻地で、戦後は日本のチベットとマスコミに揶揄された山また山の奥。安家川の清流にはカワシンジュガイが川底にコロニーとなっている。この貝は八十年も生きるという。あちこちからカジカガエルの涼しい声がしてう

昭和30年ごろの安家（撮影：中村徹夫）

っとりする。この渓流の名歌手も滅ぼしてはならない。

半城子《はんじょうし》の入口には南部アカマツの直幹の大木が二十数本そそり立っている。東北森林管理局が指定した精鋭樹だ。ここは弘化の三閉伊一揆のリーダー、弥五兵衛の片腕となって闘った安家村俊作の生地だ。このような山村に偉大な思想家で活動家が生まれたことに感嘆する。

捕獲者の市太さんに狼報労金が出たとすると、一頭二円だから七頭で十四円。米にすれば十俵以上の、山国の人にとっては途方もないご褒美だ。

ここでは狼の子が四月の末に七頭も穴の中にいた。日本犬の子とよく似ているのだが、県庁のご用係と数人の巡査は、毛色から牙の鋭さ、耳の形まで細かく鑑定した。役人たちはすぐに、狼の子が犬に比べて足が大きいことに気づいたろう。その子狼が死んでしまったと、県庁の第二課という係から上役に次のような伺い書が出ている。

児狼斃死につき伺い

一、児狼　七頭

右は安家村の土橋市太なる者、同村高須賀山において捕獲したと持参したので、

物産会に陳列するつもりで鶏肉、熊肉を与え、牛乳を飲ませて飼養していましたが、本日午後二時ころまでに残らず死にましたので、培養溜桶に捨ててもよろしいでしょうか、お伺いいたします。

明治十一年五月六日

明治九年の盛岡の大物産会では狼の子を一頭鎖につないでおいた。すると「どれどれ、狼なんて見たこともない」と物見高い人々が黒山のように集まったので、この狼の子も陳列するつもりだったが、惜しくも餌づかなかったというわけだ。市太さんは三、四日食べさせないで運んだのではなかろうか。

狼は岩穴や土の穴に子を産む。その場所は昔から村人に知られていたようで、「オイヌ穴」とか「オイノ穴」と呼ばれた。

岩泉に着くと、目の前にウレイラ山がそそり立っている。アイヌ語で霧のかかる山という意味らしいが、石灰岩の巨大な岩壁が淡いレンガ色で美しい。この町へはＪＲ岩泉線が通じていたが、残念ながら途中の斜面が崩落して今は廃線となった。

ウレイラ山麓には長大な斜面がうねり、アカマツ混じりの広葉樹林が広がっていた。鹿の群れや青鹿《あおしし》がいたし、小さな岩穴も開いていて、狼の繁殖には絶好の場所だった。

かつて子狼が捕獲された高須賀山

上空をイヌワシやクマタカが旋回することもある。

ウレイラ山の下には、日本三大鍾乳洞の一つの竜泉洞がある。中に青く澄んだ地底湖があって、その水はミネラルウォーターとして今は首都圏でも売っている。湧き出る水がそのまま売れることを知ったら、狼がいたころの人は腰を抜かすだろう。

北上高地の断崖にはイヌワシが巣をかける。その高地には強風が吹く。そこで巨大な風力発電のタワーを建てようとする会社がある。高速でまわる風車にはイヌワシが衝突死したことがあり、コウモリも多数衝突死する。当然自然保護団体は反対する。なにより景色が悪くなる。

竜泉洞の前を北へ車で四十分走って安家に着く。かつては曲がりくねった悪路だったが、トンネルができて便利になった。

安家の高須賀に林下猪三郎さんを訪ねた。そこが屋号「土橋」で市太さんの家のあった所だ。猪三郎さんは六十三歳、草深い山あいの家に体調をくずして休んでいた。土地は市太さんの子がカマドを返した跡を買ったという。

「市太はマタギの名人と聞いています。熊は何ぼうも（たくさん）捕りましたべぇ。狼の子を捕った？　盛岡まで運んだですって？　はて、初めて聞きましたな」

近所の人にも当たってみたが、市太さんの狼話は誰も知らない。家は草ぶきの曲がり家だったという。高須賀山はと聞くと、西にのっそり立ちはだかる山がそうだった。山麓に石灰地帯に特有のドリーネが並んで鍾乳洞も多い。

熊狩りのマタギなら、大木の穴、岩穴のありかを探したことだろう。そのとき狼の巣を見つけたのだ。目が開いたばかりの子だったのではないか。巣穴のまわりには、少なくとも五、六頭のオトナの狼がいた。母狼たちは猟師の恐ろしさを知っていて、コドモを捨てて逃げたのだ。

猟師が去ったあと、静まり返った巣穴に帰ってきた狼たちは、クンクン、クンクーンと悲痛な声でコドモを呼んだことだろう。狼は犬と同じように嘆き悲しむことが知られている。それから舌をハァハァ出し、狂乱状態で走りまわった。

御届

一、雌狼一頭

一、子狼五頭

右は沼袋村滝の沢で明治十二年五月六日に捕獲したのでお願いいたします。

安家村　土橋市太

9

市太さんは、前年につづいて山を越えた近くの村でも狼を仕留めた。市太さんはまたまた巣穴からとびだした母狼を撃ち殺し、中にいた子狼を引きずり出した。これも十八円の大金。市太さんは狼捕りの名人と男を上げたはずだが……。

二歳牛を倒す

岩泉は、一町五ヶ村が合併して本州では最も面積の広い町になった。その早池峰山寄りの奥地にもう一例あった。

御　届

一、雌狼一頭

右は同村男川原において、ヒラ落しという機械で殺獲しましたのでお届けいたします。

明治十一年五月二十八日

釜津田村（現岩泉町）　鍛冶屋　佐々木六右衛門

農業　三上寅松

⑩

岩泉町の櫃取《ひっとり》湿原はミズバショウの大群落が美しい。釜津田はその下流にある。同町滝ノ上の佐々木清蔵さん（七十歳）が、殺獲人の六右衛門さんの孫という。捕獲地の男川原という地名はなくて、オンドコ沢というのがある。本流との合流点をオンドコ平《たい》と呼んでいて、男川原はそこだろうという。なるほどよく似たことばだ。秋の一日、峠を越えて訪ねてみた。低山帯は緑なのに、そこはもう色づいていた。櫃取湿原のまわりには千メートルを越すピークが五つもあって、流れ出す清流は釜津田へ落ちてゆく。ずいぶん伐られたが、道ばたにブナ、カツラ、トチの大木が点々と残っている。

清蔵さんによると、六右衛門さんは天保三年（一八三二）生まれで、鍛冶屋をし、マダギもした。火縄銃と槍があって熊を捕ったと聞いたが、狼を仕留めたり、賞金をもらった話は聞いていない。相棒の寅松さんは、息子の嫁の父で片棒を担いだのだろう。

清蔵さんの親の子々蔵さんは慶応元年（一八六五）生まれで、子どものころ、道で狼に出会い、岩にとび上がって助かったという。それで山の畑からの帰りには、長い木の枝を引いて歩けば、狼に襲われないとも語った。

子々蔵さんの姉のミツさんは、白昼、近くの草原で狼が二歳牛の背に食らいつき、倒すのを見た。ミツさんが金切り声で男たちを呼び、狼を追い払ったという。二歳の牛は小さくない。哺乳類は北へゆくほど大型だった。ニホンオオカミも岩手のものは大柄で、二歳牛を嚙み倒すほどの力をもっていた。

オンドコ沢は峠から十五キロ余り。原生林だったが、営林署の林道が通ってほとんど伐られてしまった。

沢の出口は工事用の砂利置場になっていた。昔はそこにミズナラの巨木が数本そそり立ち、六右衛門さんは巨木の下に、餌を引けば天井が落ちる罠を仕掛けた。

次の藪川《やぶかわ》村（玉山村＝現盛岡市）は、釜津田から山つづきに十キロ足らずの所である。安家と並ぶ名高い僻地で、昭和二十年一月にはマイナス三十五度Cを記録した。北海道に匹敵する寒冷地だ。

御届書

一、子狼雄二頭

藪川村（玉山村＝現盛岡市）　農業　千葉幸助
農業　関沢寅松

右は町村山より向井ノ沢辺へ、子連れ狼が姿を見せていたので、部落中申し合わせ、本日午前四時から十時まで山へ入り、子狼二頭を向井の沢で、一頭は草刈りガマ、一頭は棒をもって打ちとめました。本人どもにかつがせて上納いたします。

明治十一年七月三十一日　⑪

この子狼は生後三ヶ月くらいで、オトナの狼のあとをついてのこのこ動きだしたものだろう。まだよく走れずに村の衆に殺されてしまった。

向井の沢には熊もいた。ブナやミズナラの大木が繁る原生林だったが、ここもよそと同じにほとんど伐られて、植林されたカラマツが手入れもされずにひょろひょろしている。

馬を守って火を焚いた

岩泉町釜津田から南に尾根を越えて、北上山地の最高峰、早池峰山の東側にひろがる川井村（現宮古市）の奥深い所にも狼はいた。

御届書

小国村（川井村＝現宮古市）猟師　阿部重太郎

一、雌狼一頭

右は本月二十四日、江繋《えつなぎ》村宿《しゅく》の平山で殺獲しましたので、このたび御届け申し上げます。

明治十一年一月二十五日 12

重太郎さんは狼の足を縛り、そこに棒を通し、従兄弟などを相棒に前後を担いでけわしい区界《くざかい》峠を越えて行った。

「しゃっ、オイノだ！　オイノだ、オイノ捕ってきた！」

「お〜い、出はって見ろ〜、オイノだ、オイノだぞ〜」

雪化粧した早池峰山（撮影：佐藤嘉宏）

閉伊街道の途中の村では、大人も子どもも雪道に出て騒ぎになった。
「わぁっ、オイノは耳まで口が裂けてる〜、おらあ、おっかねぇ」
ぞろぞろとついて来るものがあった。重太郎さんたちは途中の宿屋に一泊している。猟師たちが越えた標高七四〇メートルの峠は、国道一〇六号になっている。現代でも厳冬の雪道越えは油断できない所だ。
その重太郎さんは、明治四十二年に五十八歳で亡くなった。すると狼を捕ったのは血気盛んな二十七歳だ。子孫の利見さんは、重太郎さんが狼を捕った話は聞いたことがない。マタギをしていたので、昔は仏壇の後ろに火縄銃が一丁と、弾を作る小道具が一式あった。狼を捕ったとすれば、その鉄砲でだろうと利見さんは語る。

捕獲地という宿の平山を探して、早池峰山のほうへ薬師川を上ってみた。明神、神楽などという由緒ある古い地名の集落を過ぎて、濃い緑の谷間を入って行くと、車にひかれた新鮮なマムシが一匹、桃色の肉をさらして横たわっていた。そこにスズメバチがまつわりついている。

早池峰山荘の前、川すじにワラビの繁るキャンプ場に着いた。宿ノ平《たいら》だという。草むらに大石が見え隠れしている。ここで真冬に重太郎さんが狼を捕ったのだ。小国から歩いて三時間以上の奥地で、当時はブナの大木の繁る川辺だったろう。アオモリヒバの大木もあったがほとんど伐られてしまった。

北側に早池峰山につらなる高桧《たかび》山がそびえている。下界が晴れているのに尾根にはガスが流れて、ぎざぎざの岩場が浮かんでは消える。早池峰山は高山植物の宝庫で、エーデルワイスにそっくりのハヤチネウスユキソウで有名だった。ハイマツ帯ではノゴマが繁殖したことがある。ノゴマは北海道で子育てする夏鳥。雄の喉は深紅で美しい。

下流の大畑集落に石曽根勝雄さん（七十五歳）を訪ねたが、狼が捕れた話は聞いていない。昔は裏山に馬を上げたという。高桧山につらなる、千メートル前後の高嶺に草の生えた台地があった。スズランが一面に咲き、三峰山の石碑もあったが埋もれたろう。

勝雄さんは親たちから、狼が出るので夜は馬を守って火を焚いたと聞いた。明治の初めごろのこと。

落し穴が残っていた！

閉伊川は早池峰山の北面から流れ出る。流域の谷は深く刻まれて蛇行し、その急斜面には伐採と植林のために重機がつけたジグザグ道が痛々しい。山はそこから崩落して回復できなくなる。ジグザグ道は困ったものだ。

その大渓谷の北側の稜線近くにも捕獲の記録があった。

御届

箱石村（川井村＝現宮古市）　農業　目曲《めまがり》寅松
他一名

一、雌狼一頭

右は箱石村の内、目曲山においてヒラ落しで殺獲したと申し出ましたので、問

――いただしたところ相違なく、ただちに護送申し上げます。

明治十一年三月三十日

⑬

旧箱石小学校から西の山一帯が目曲山という。あたりは古生層の深くきざまれた谷で、稜線は遥か山の彼方にある。村に目曲という姓はない。しかし、そういう屋号の家があった。川ぞいの旧道のほとりで、主は関口澄さん（六十八歳）だ。

「目曲は、私の先祖に家屋敷を売り、明治の末に北海道へ渡りました。寅松？　さぁ、わかりません。そういえば後ろの山に狼を捕った落し穴が残っています。ハイ、祖父の市三郎（明治二十五年生まれ）から聞きました」

ドキンとしてしまう。狼の落し穴が日本に残っているなんて聞いたこともない。裏の畑にまわると、目曲家の墓石が五つ六つ傾いている。川石を無造作に並べて字碩もない。どれかの下に、狼猟師の寅松さんが眠っている。

晩秋の一日、木の葉が落ちてから落し穴を見に行った。つづら折りの道が、テレビのアンテナ線にそっている。山峡に住む五十四戸が共同で目曲山の頂上（九一三メートル）にアンテナを立てた。そこまで二千メートルあって、落し穴は途中の高嶺にある。

落ち葉を踏みながら、案内の関口さんは若いころの話をする。朝飯前に二回、ここまで上って牛馬にやる草を刈り、それを背負って下りたという。転べはそのまま下まで転落しそうなきつい傾斜だ。下界では見えなかった早池峰山が、向かいの尾根の上に肩まで出て、もう銀色に雪をかぶっている。こんな高い所が狼の生息圏だった。それならここにも鹿がいたのだろう。

柏木平から小高いずん森を越え、歩きはじめて五十分、ようやくわらび平《たい》に着いた。昔は草刈り場で二町歩（約六千坪）ぐらいの広さにカヤが生えていたという。今は雑木林になって、まん中に異様な盛り土があった。その陰は？　狼の落し穴だ！　すり鉢状にくぼんでいる。百年以上もたっているのに、直径四メートル、深さ一メートルほどに形が残っている。ヤマザクラが生え、サルナシのつるがからんでいた。

「今は伐られてしまいましたが、このへりに太い松の木が一本あって、親たちは狼松《おいのまつ》と呼んでいました」

関口さんの静かな語りにかえってゾクゾクする。寅松さんは鉄砲を担いで見まわり、ここで雌狼を殺したのだ。

関口さんが、お祖父さんが落し穴と呼んでいた穴の中に降り、スコップで落ち葉の底を掘ってみる。やわらかい黒土があって、その下は固い。へりから二メートルくら

目曲山に残る狼の落し穴と関口澄さん

目曲山の山頂は稜線のさらに向こう

いの深さがあった。

「御届」にはヒラ落しで捕獲と書いてある。狼松という木は仕掛けの装置にひと役かったのではないか。

谷間の村に大勢の猟師

目曲山は閉伊川の大渓谷の北面にあって、樹林におおわれた広大な斜面がうねっている。そのどこかに、もっと落し穴があったという。そこでもう一頭捕れていた。

検査御届

箱石村　農業　向口松助

他一名

一、雄狼一頭

右は箱石村の内、目曲山において、ヒラ落しで殺獲したと届け出ましたので、検査したところ狼に相違ありません。

明治十一年三月十日

⑭

松助さんは体格がいい上に気性のはげしい人だった。角力《すもう》もとったし、馬喰《ばくろう》をして金まわりがよく、村に若い愛人も持っていた。松助さんは昭和四年、八十一歳で亡くなった。すると狼を捕ったのは男盛りの二十九歳だが、話は残っていない。

検査御届

夏屋村（川井村＝現宮古市）農業　佐々木徳治

一、雄狼一頭

右は夏屋村門平において、ヒラ落しで殺獲したと届け出ましたので、検査したところ相違なく即日護送申し上げます。

明治十一年六月十二日

⑮

御　届

夏屋村　農業　大畑門之丞

一、雌狼一頭

右は夏屋村合洞山《あいひら》で、ヒラ落しで十六日の夜殺獲したと届け出ましたので、直ちに護送します。

明治十二年六月十六日

⑯

この二例は、目曲山のもっと上流、夏屋川という深い枝沢の奥で捕獲されている。合洞山は源流地帯で、その下流の川べりには点々と人家がある。そこに住む男たちは、昔は誰もが猟師だった。ヒラ落しを掛けるのも巧みだったろう。

炭焼きが盛んで、かつては分校もあったが廃校になった。木がなくなってどこの山村にも若者がいない。そのため二人の話は伝わらず、子孫が誰なのかも不明。

昔の川は水量が豊かでそちこちに深い渕があり、イワナやヤマメがごやごやといた。どこの家でも串に刺した大きな川魚を炉の火棚に下げていた。黒茶色のカワウソの親子も仲良く群れていた。皮が高く売れると知って追いまわすマタギもいたが、今はもう語る人もいない。

槍仕掛けの罠にかかる

閉伊川の支流、刈屋川も奥はけわしくて深い。川の合流点から源流までは三十キロ。明治までは上流の山々に猿も鹿もたくさんいたし、熊祭りをするマダギの組もあった。その一人だったのか、狼を捕っている。

狼捕獲届

和井内村（新里村＝現宮古市）佐瀬源助

一、雄狼一匹

右は和井内村有芸岳《うげい》という山において、ヒラ落しで狼を捕獲したと申しますので、この段お届けいたします。

明治十一年九月五日　17

和井内は刈屋川の奥だが、佐瀬姓の家は残っていない。有芸岳は岩泉町との分水嶺にそびえている。そこから峠の神山につらなる山はいずれも標高千メートル以上だが、高い所は樹木もまばらで、なだらかにうねる草原になっている。昔から牛馬の放牧地だった。

源助さんの話は残っていないが、落し穴の在りかは佐々木健さんが知っていた。佐々木さんは昭和三十年から役場の畜産課に入って、牛まぶりと呼ばれる監視人の老人と山を歩き、そこが狼の落し穴だったと聞いた。今も窪みになって残っているという。

昔の山道は、尾根づたいに高い所をたどったが、有芸村（現岩泉町）への途中にも落し穴が残っているという。いずれも下の集落から登りに四十分から一時間かかる奥で、村の犬がのこのこ行けない高い所だ。そのあたりが鹿と狼の聖域だった。

御届

普代《ふだい》村　銃猟稼人　中村与太郎

右は一昨八日の夜、田野畑村の羅賀《らが》で、槍仕掛けで狼獣、雄一頭を捕獲したと申し出ましたので、調べましたところ相違なく、ついては、かねてお達しの成規に照らし収納の上、ご調査いただきたくこの段申し上げます。

明治十二年五月十日　⑱

普代村は、和井内から三十キロ北東、久慈市の侍浜から三十キロほど南に当たる海ぞい。

ここでは槍仕掛けが出てきた。ノウサギかヤマドリを餌に、その上に鋭い槍を仕掛けておいて、餌を引けばぐさっと槍が落ちる罠らしい。エミシの時代の仕掛けではないだろうか。しかし詳細は不明。

普代村の近隣はけわしい断崖つづきで、羅賀は海鳴りの響く景勝地だ。大海原の上を低くハシボソミズナギドリの大群が北へ渡ってゆく。与太郎さんは職業猟師で、そこのどこかに遠征して罠を掛けた。普代村は中村だらけで与太郎さんは見つからない。

大雪に人里へ降りてくる

川井村から早池峰山の南面へ越えると、北上山地の中央盆地に遠野市が広がっている。そこで四頭が捕獲されていた。遠野はカッパとか山姥《やまんば》など、さまざまな民話を伝える土地柄だから、狼の何かが残っている可能性は高い。胸おどらせて訪ねた。

上申書

一、雄狼　一頭

右は平倉村寺田山において、ヒラ落しで殺獲したと届け出ましたので、二人夫《ににんぷ》をもってお届けいたします。

明治十一年二月二十三日

平倉村（現遠野市）　農業　犬又喜之丞

農業　菊池留之助

⑲

平倉村は遠野から釜石市へ越える仙人峠の麓にある。仙人峠は名高い難所だったが、昭和三十四年にトンネルが出来て車が通るようになった。

盛岡までは約二十里（約八十キロ）だ。ここも菊池姓だらけで留之助さんを探すことはできない。犬又姓にしぼって探してみた。里見八犬伝にありそうな苗字で電話帳に八軒ある。片はしから電話して本家を探す。

犬亦喜代松さんがそうだが、この一月に亡くなって、夫人のキミ子さん（七十一歳）だけになっていた。一族は今でも平倉に住んでいるが、喜之丞という人は知らない。無論、狼を捕ったことなど聞いたことがない。

秋晴れの一日、現地を訪ねてみると、遠野の町の西側には物見山がのっそり横たわっていた。明治になる寸前、六頭の狼が捕れたことを思い出す。それから十二年後、遠野ではまだ狼を人が攻めていた。

キミ子さんの家は黒瓦ぶきの農家で、寺田山は後ろにつながる低い山なみだった。肝心の捕獲者だが、曾祖父は喜之丞ではなく勘之丞という名で、明治三十八年に六十五歳でなくなっている。豪傑だったが、その人ではなかろうかという。近くの曹源寺のお尚さんに尋ねると、そのころ、戸籍上の名前と俗称の違うことは珍しくなかったという。

遠野市から北に、もう雪をかぶった早池峰山が見える。山麓の附馬牛《つきもうし》にもう一例あった。

上申書

菊池友蔵
新田依蔵
佐々木倉八

下附馬牛村（現遠野市）

一、雌狼一匹

右は深山積雪につき、村内にくだったので、下附馬牛村字登戸山にヒラを作っておいたところ、九日夜、そのヒラにかかったと申し出ましたのでお届け申します。

明治十二年二月十二日 ⑳

積雪が深くなれば、狼も鹿も足をとられて深山には住めなくなる。人里に現れることもあったのだ。深山とは早池峰山のこと。

川井村でもそうだが、ヒラという罠が大雪の中で巧みに狼を捕らえることに驚く。北アメリカの狼は毒餌にも罠にもなかなかかからなかったというが、ニホンオオカミはまだまだ純情で警戒心が足りなかったのではあるまいか。
附馬牛に入る道端に、狼を祀った三峰山の立派な石碑があった。その前をトラックがひっきりなしに通っていく。ここでも子孫は不明だった。

狼供養塔に今も線香を

明治のころ、遠野は賑やかな宿場町で、名物の馬市は数千の人でごったがえした。出店が四百軒も並び、鹿や猪、青鹿やヤマドリをぶらさげて、肉を売る店が十四軒もあったという。肉と豆腐にキノコを入れたシシ汁で濁り酒を飲ませる店も並んでいた。

御届

上綾織村（現遠野市）農業　宇夫方《うぶかた》三之丞

一、子狼　雌一頭

右は砂子沢と申す山中で狼穴を見つけ、掘り起こして子狼一頭を生け捕りましたので、お手当金をおさげくだされたくお願いいたします。

明治十一年六月一日

㉑

その子狼を人夫に持たせたのだが、盛岡へ運ぶ途中死んだこと。検査の結果、狼に相違ないという書類もついていた。

宇夫方さんの家は遠野名所の一つ、豪壮な南部曲がり屋の千葉家の近くにあった。子孫のキノエさん（八十歳）は狼捕りの話を聞いていない。三之丞さんは明治十四年に没し、身上をあげた人とだけ伝わっている。

検査御届　　下綾織村（現遠野市）松田市助

一、雄狼一頭

右は同村和野において殺獲したと届け出ましたので検査したところ、狼に相違ありません。

明治十一年七月三日　㉒

和野は猿ヶ石川のほとり、山すそに広がる田園地帯で十数戸の農家が散らばっている。市助さんの子孫は不明だが、菊池省一さん（七十三歳）は安政二年（一八五五）生まれの祖父の蔵之助さんから、狼を捕り、盛岡まで運んで「ちんでぇ」からご褒美を

もらった話を何度も聞いたという。初めてご褒美をもらった証人に出会った。しかし、それは残念ながら御届とは別、明治十九年以後の捕獲例だろう。ちんでぇは鎮台で県庁のこと。

省一さんから和野に狼供養塔があると聞いてびっくりした。早速、阿部タケさん（七十八歳）を訪ねると、門前の小川のそばに一メートルほどの異様な石碑が立っていた。細くとがった苔むしたもので、「汝是畜生帰衣三□墓」と彫られている。□の

和野の狼供養塔

阿部タケさん

所は宝という字があったろう。天明六年（一七八六）七月の建立。「汝は畜生だが仏・法・僧にすがって生仏せよ」という意味で、狼の祟りを恐れた家人が供養したものだ。おそらく、石の下に狼が埋まっている。いわれは明治十三年生まれのハツ婆さんからタケさんに伝わっていた。

冬の夜、馬屋で一番いい馬が狼に喰い殺された。明るくなってから気づいたのだが、狼は水を飲みに行っては肉を食べたらしく、水場までの雪道は血だらけだった。見ると馬屋の飼場桶がひっくり返って、中に狼が入っていた。それを男たちが木戸に使っていた棒で叩き殺したという。

狼は殺しに疲れ、食べられるだけ肉を飲み込んで満腹すると、そこで眠りこけることがあるという。そのころでも異様な出来事だったので供養塔を建てたのだろう。タケさんは、いまでもそこに盆と彼岸に線香を上げる。

オイノ穴と姥捨山

大迫町《おおはさま》（現花巻市）は遠野から盛岡へ出る途中にある。早池峰山の山頂もあり山は深い。里山ではエーデルワインの美酒を産し、神楽などの伝統文化も伝える土地だが、かつてはここで狼が捕れていた。

検査御届

一、雄狼一頭

右は外川目村字失水山《うせみず》で今月二日に殺獲したと持参しましたので、検査したところ狼に相違なくお届けいたします。

明治十一年九月五日

外川目村（現大迫町）農業　佐々木権蔵

㉓

大迫町の郷土史家、両川典子さんに権蔵さんを探してもらったが、佐々木姓だらけで見つからない。鹿踊りの伝承者、佐々木忠見《ただみ》さん（九十七歳）を紹介してもらった。山また山をぬう八木巻川は大雨でえぐられている。流された橋、水をかぶった田畑がいたいたしい。一番奥の上千貫の集落に着く。

耳は遠いが、忠見さんはピンとしていた。権蔵さんのことはわからない。忠見さんが物心ついてから、狼が捕れたことはない。狼に出会ったら鎌を投げればいい。狼は鎌をこわがる。そこで土葬の土盛りに鎌をさす風習があった。狼が墓をあばいて死人を食うことを防ぐため……などと聞く。

村の藤原一さん（八十三歳）に狼の捕れた失水山を案内してもらった。外川目の分水嶺、宮守村（現遠野市）と遠野境にその山はあるという。

三キロ登った右手の斜面は昔からオイノ穴と呼ばれている。大きな花崗岩がごろごろ重なって穴だらけだが、今は杉林が育って隠れてしまった。藤原さんはここで若いころハギ刈りをしたが、動物の骨が散乱していて不気味だったという。大きな馬の頭骨なども混じっていたのだ。

オイノ穴の少し奥は「人なぎ」という姥捨《うばすて》山で、山あいのススキ野は一面に白い穂だった。黄ばんだカラマツに雑木も混じって人っこひとりいない。小柄な藤原さんが小声で語る。

「六十になれば、ここさなげられた（捨てられた）とゆうんだ。背中の年寄りが、ススキの穂を折りながら来てナ、息子さこれを目じるしに帰れと……まあ親心だベナ。昔はここからは迷って帰れねぇような所だった」

大飢饉《ききん》のころでもあったか、捨てられた人は、まもなく狼に囲まれたろう。

山頂近くで藤原さんはいたましそうにつぶやく。

「ブナの大木だらけだったが、みな伐ってしまって……」

失水山は熊取山、鷹森山を従えて悠然とひろがっている。しかし、てっぺんまで舗装道路となり、芝生を敷きつめたような肉牛牧場になっていた。高い所まで伐って牧野にすれば大雨の洪水を呼ぶ。沢水が大岩の下に消えるので失水と呼ばれていたのだが、昭和五十年の大雨で沢が埋まり、失水現象は消えてしまった。

帰路、藤原さんが失水神社の小道で熊の新しいフンを見つけた。熊はかろうじて残っている。かつてはこんなふうに狼のフンが落ちていたのだ。

鹿をくわえて川に

大迫町失水山麓の八木巻川のほとり、同町外川目の佐々木政雄さん（七十四歳）の祖母、明治九年生まれのクラさんは狼を見たという。クラさんは五キロほど上流の板橋で生まれた。次の話は、政雄さんがクラさんから何度も聞いたものだ。

「明治十七年ごろか、八つぐらいの夏のこと。村の入口の大清水の川ぶちで友達とクワの木さ登って熟れたクワの実を食べていた。それは甘くて何よりのおやつだった。おらは木登りが得意で、一番高いところで食っていた。ふと気がつくと、あたりに誰もいない。下を見ると、狼が鹿をくわえて流れさ引き込むところだった。仰天して木から転げ落ち、百メートル離れた家さ死にもの狂いで走った。おらは後にも先にも、あんなおっかねぇ思いをしたことがない。狼というものは、ぬくい（暖かい）ときには、肉を冷たい水さつけて臭くなるのを防ぐずぅ」

その場所はどこかと見に行くと、集落の入口に大清水橋がかかっていた。鹿踊りの鮮やかなレリーフがはめこんである。山また山なのに二十四戸あって、ここは鹿踊りの伝わる里だった。川幅は十メートル、両岸はコンクリートの両面張りになっている。すぐ側面の穴からざわざわと冷水が湧き出していた。大清水である。

クラさんが子どものころ、こんな所で狼が鹿を殺す自然があった。しばし、橋のたもとで帰らぬものに思いをはせた。狼はおそらく一頭ではなかったろう。もう数頭いたのだ。

クラさんの生家に甥の佐々木与市さん（八十一歳）を訪ねた。残念ながら狼の話は聞いていない。クラさんは次のような話もした。

「達曾部《たっそべ》（宮守村＝現遠野市）の白石のマダギが狼捕ったと聞いて、板橋の人たちが見に行った。なんでも、盛岡さ狼を届けて、ご褒美をもらったずゥ」

クラさんがまだ嫁入り前で明治二十年代後半のことらしい。農作業を休み、峠を越えて六キロ以上の山道を行く善男善女の姿が浮かんだ。そのころ、狼なんぞの見物が楽しみだった。

その話を確かめに宮守村達曾部へまわった。ここも遠野物語の世界に近いひなびた村だ。大畑の佐藤権太郎さん（七十四歳）は葉タバコをのしていた。狼が捕れた話は聞いていない。しかし、北ノ沢にオイヌ岩があるという。穴の中に昔は狼がいたらしい。今はミツバチが巣をかけるという。

最奥の白石は十七戸、稲荷穴に佐藤佑福さん（八十三歳）を訪ねた。全国一という名水が鐘乳洞から湧き、ワサビが育っている。

もうないが佑福さんの祖母、フクさんは狼を担いできた男たちを見たという。いつのことかは不明。

種山ヶ原にも狼

種山ヶ原は北上山地を代表する広漠たる高原で、標高は八七〇メートル。初夏にはレンゲツツジがオレンジ色の花を咲かせ、夜もすがらヨタカやホトトギスが鳴いた。宮沢賢治はそこを愛して歌った。

種山ヶ原の　雲の中で刈った草は
どこさ置いたか　忘れた　雨や降る

かつては放牧の馬に混じって、鹿の群れが鹿踊りみたいに跳ねていたし、狼もいた。

広漠たる種山ヶ原（撮影：荒木田直也）

最高点の物見山には狼みたいな大石が並んでいる。そのそばで狼たちは合唱したろう。賢治は聴かなかったろうか。

種山ヶ原を越える街道の姥石《うばいし》峠に五、六軒の家があった。遠藤キクさんという、酒を飲み、歌も上手な女人が茶屋にいて、峠では夕方、オイノの遠吠えがしてさびしいと語った。

その人を思い出したのは田村カネさん（九十一歳）。姥石から五キロ下った中屋敷に住んでいた。キクさんは明治元年ごろ生まれの人。すると狼が吠えたのは明治二、三十年のことか。

中屋敷の近く、種山ヶ原の北西の沢に狼の捕獲記録があった。

狼獣を銃猟したのでお伺い　人首村《ひとかべ》（江刺市《えさし》＝現奥州市）　職猟稼　菊池六右衛門

私こと本月二十六日、同村木細工《きざいく》と申す所にて狼獣を銃猟しましたので、どうしたらいいかお伺いいたします。

明治十二年三月二十七日　㉔

検査御届けにこの狼は雄とある。木細工は人首川にそった米里《よねさと》の奥、木の香も匂う小学校が建っていた。児童数は十五人。風の又三郎が通いそうな学校だが、六右衛門さんは菊池姓が多くて見つからない。長老の菊池甚之進さん（九十五歳）も心当たりがないという。

「おらは、子どもながら物見山で馬っこまぶりをした。朝、山へ馬を追っていき、夕方連れて帰る。もう狼はいなかったが、山本川の水の湧きっ口に狼岩がある。狼が鹿の肉を水さつけて食った所というから、通るときはおっかなかった。平らな岩で今もあっぺえ」

甚之進さんはコタツに横になっていた。

「年寄りたちの話だが、水上という屋号の家の者が、狼の子を捕まえておもちゃにした。それで水上の一番いい馬が狼に殺された。村のものが、またやられては困るとヒラをかけて狼を退治したずゥ」

水上の当主、菊池松男さん（六十三歳）はそんなことは知らないとびっくりした。貴重な物語が消えかけている。

甚之進さんの家では、五月五日の節句の前の晩、白いおにぎりを二つ、

「山の旦那さまさ、あげまぁーす」

大声で叫んで道端においた。山の旦那さまとは狼のこと。一月十四日の晩に上げるのは餅二切れと煮干し二匹だった。後ろを見るな、といわれたのはよそと同じ。

中屋敷の千葉盛吉さん（八十七歳）は、足が不自由だがピンと口ひげを立てていた。三峰山が村のお堂の中にあるという。すぐ近くのタバコ屋の店先で確かめると、三人ばかり村の女の人がいて、三峰山なんて、聞いたことがないと笑う。

店の後ろへまわって草ぶきのお堂をのぞくと、中に立派な三峰山の石碑があった。ここでも狼信仰は消えるところだ。

狼を飼った家

江刺市（現奥州市）にも狼沢《おいのざわ》という集落がある。水沢から北上川を渡って八キロ、

田原中学校の手前から山へ入ると、起伏の多い山里にぽつん、ぽつんと十二戸ある。すごい地名なのに風景はのどかだった。

三沢スミエさん（七十九歳）を訪ねて地名の起こりを聞いた。

明治前のこと、竹男というひい爺さんが山で狼の子を拾ってきた。どこにも物好きな人がいる。その子狼は、犬のようによく慣れたが、大きくなるにつれ、よその人に危なくなったので鎖でつないでおいた。あるとき、役人が土地やら地名調べに来て、

「犬に似ているが、きついところがあるな」

「こりゃオイノでがす」

「ほんだらここはオイノザワにすろや」

と地名がついたという。

少し腰の曲がったスミエさんは、裏山の向こうを、あのあたりで拾ってきたと指さした。シメジでも出そうな雑木山だが、百数十年前にはこんな所で狼が繁殖したのだ。

「その狼は飼っておけなくなって奥山さ放したといいます」

大きくなった狼をもてあましたのだ。飼われた狼は、犬が人間に捧げる純愛、献身、服従などの美徳はみな持つという。しかし、つないでおいては凶暴になる。狭い所に押しこめたり鎖でつないで飼育できるものではない。

狼沢の三沢スミエさん宅

同じ沢の佐藤コトミさん（八十一歳）を訪ねると、コタツに入れてくれた。コトミさんは、ヨネさんという明治元年生まれのお姑さんから狼話を聞いていた。

「十七歳で嫁に来て、生家のブドウ沢さ帰るとき、狼の吠えるのを聞いて、おっかねぇ思いをした」

ブドウ沢は狼沢から四キロ奥である。今は舗装道路だが、当時の道は草むした小道で、両側は深い森だった。

「男たちは朝早く、クワの葉を馬さつけ、山の向こうの東磐井郡さ売りさ行ったもんです。それで峠を越えるときには、まだうす暗いんです。よく狼の気配がして、馬が止まり止まりしたと聞きました。鹿もたくさんいて、みな、捕って食べたん

伊藤守一さん宅

です」

コトミさんは、生家でツネ婆さんに可愛がられたという。ツネ婆さんは明治元年ごろ生まれの人だ。そのツネ婆さんが聞かせたのは、

「家と倉の間を狼に追われたシシ（鹿）が逃げ、前の田んぼで追いつかれて、食われたことがあった。そのシシを拾って料理し、酒盛りをした家では、夜、狼に馬屋を荒らされたずゥ（そうだ）」

という欲張りをいましめたものだ。似たような話はあちこちにあるが、実態のないことが多い。だがコトミさんは生家の近く、赤坂という家のことという。

そこでまずコトミさんの生家を訪ねた。ぶどう沢の山手に、昔のままの母屋と荒壁の倉が並んでいる。

伊藤栄之進さん（七十九歳）はコトミさんの弟で、一輪車を押してトコトコ働いていた。栄之進さんもその話は知っていて、私を連れて倉の前まで行った。

「ここに狼が走った足跡があって、ほれ、そこの池のそばで鹿を食っていたのさ」

子どものころ聞いた話を指さしして教えた。昨日のことのような口振りで、あたりに人気《ひとけ》のない山里で聞くと寒気がした。

つづいて赤坂という家に向かった。当主は伊藤守一さん（七十七歳）だ。

「確かにおらほの馬屋さ狼が入って、馬を捕られたずゥ」

守一さんはうなずいた。その馬屋は母屋の隣りで、茅ぶきにトタンをかぶせてあるが中は昔のままという。のぞいてみると黒毛の牛が一頭、ぼんやりしていた。

XI 恐るべき攻撃力

頬を噛みとられた男

江刺市（現奥州市）狼沢から東へ四キロ、川内には「狼ずんつぁ（爺さん）」あるいは「狼長蔵」と呼ばれた人がいた。川内は雑木林の山あいに田んぼがつらなる山村で五十一戸ある。今は舗装道路になったが、電気がついたのは戦後というからやはり奥地だ。

狼ずんつぁの子孫で区長をしている伊藤博さん（七十歳）を訪ねた。伊藤さんの家は田んぼを見下ろし、長屋門を構えた堂々たる旧家だ。狼ずんつぁの名は長蔵、博さんから四代前の人で明治の前半に亡くなった。豪傑で足が大きかったという。

長蔵さんは若いころ、家から三キロばかりの矢立峠で狼と遭遇した。今は田原から東山へ抜ける交通の要所だが、当時は草むす細道だ。このとき、どんなことがあったか、牙をむいた狼は、ジャンプして長蔵さんの頬に食いついた。長蔵さんは片手で狼の舌をたぐり、もう一方の手で前足をつかんで、死に物狂いで近くの家まで引きずってきた。

「助けろ！　オイノだ、オイノ！　助けろ！」

「ややっ、こりゃてぇへん！　その手ぇ放すな！」

狼ずんつぁの子孫、伊藤博さん夫妻

男たちが駆けつけ、鉈でオイノを叩き殺したという。

博さんは狼の舌を「ウナギでも押さえるように」と説明した。だが、舌はつかめまい。下顎ならにぎったかもしれない。長蔵さんを襲った狼が病い狼でなかったのは幸いだった。しかし、病い狼でもないのに、大の男の顔に嚙みつく狼がいたのだ。長蔵さんには気の毒だが、なんという剛毅な狼！　人間を恐れぬ野性の魂を持っていた！

長蔵さんは片頰を狼に嚙みとられて、すさまじい顔になった。それから狼長蔵と呼ばれ、老いては狼ずんつぁとあだ名された。気の毒だが、おおらかな人だったらしい。近隣の角力大会などにも出て人気があった。あだ名がどこかユーモラスだ。

「その狼の毛皮だと、倉の中に吊るした竿さバサッとかかっていました。大きなもので、入口近くさあったもんだから、子どものころはおっかなくて倉の中さ入れなかったもんです」

博さんは身震いしながら語る。ミキ子夫人は、最近までその皮はあったという。しかし、探してもらったが見つからない。ニホンオオカミの剝製が世界に五点しかないことを思えば、毛皮だけでも惜しまれる。

狼沢の西、外田の阿部政夫さん（八十二歳）は、先日の洪水の跡を見ていた。道路が欠け、田の土手が大きく滑っている。ひとしきり、惨憺《さんたん》たる被害を語ってから、ひい婆さんのユミさんから聞いた話になった。

川内の狼ずんつぁの家

狼沢の奥、ユムギ山から数頭の狼が鹿を追い出せば、鹿は川ぞいに走ってくる。狼はなぜか川ぞいのカーブ、むっくりという所で追いついて鹿を殺したという。

外田の川べりに住む菊池用作さんは、朝起きると必ず雪の上の足跡を見た。狼が鹿を追った跡があれば、カーブまで二百メートルくだって、よく狼の食い残しを拾ってきた。狼は内臓から食う。肉がどっさり残っているから、ありがたく頂いて食べたのだ。

しかし、そんなことをすれば狼が馬に仕返しをする話は知っていて、用作さんは馬屋の戸を頑丈にした。

年中鉄砲を撃ってよし

狼沢から西へ五キロ足らずに狼の餅を伝える黒田助があり、そこにも記録があった。

検査御届　　　　　　　　羽田村（水沢市＝現奥州市）　菊地兵太郎

一、雄狼一頭

右は同村の内、黒田助で殺獲したと届け出ましたので、検査したところ狼に相

違いありません。

明治十一年二月十七日 ㉕

以前、狼の餅の話を聞いた千葉長英さんに、兵太郎さんの子孫を探してもらったが、菊地姓が多くて見つからない。近くの菊地新吉さん（八十三歳）は、おひっこさま（曾祖父）の八右衛門さんから、狼を捕った自慢話を聞いていた。おひっこさまは二頭の狼をソリで盛岡へ運んだという。

ソリで運んだのは雪道だからだが、それ以上はとりとめない。八右衛門さんは鉄砲撃ちだったが、なんでも鎌で刺し殺したという。盛岡まで運んだのは報労金のためだが、おひっこさまは金をもらった話はせず、賞状をもらったようなことをいったという。

そのころ鹿もたくさん捕れて、肉は小さく切ってふかし、むしろにひろげて干した。それを子どもたちは懐に入れて、遊びながらかじったと新吉さんは聞いた。

『岩手県史』八巻には、岩手県南から宮城県北部を範囲とした水沢県のことがあって、明治六年ごろ、ここから県外へ輸出された鹿皮は百六十五枚とある。内陸の水沢地方にも鹿の大群がいたのではあるまいか。

当時、銃猟の期間は九月十五日から翌年三月十五日まで、六ヶ月という長いものだったが（現在は三ヶ月）、これでは足りないと、水沢県参事は大蔵省へ次のような伺書《うかがいしょ》を出している。

「以前から銃猟の税金を免除して欲しいと願い出ている者にただしたところ、この地方は旧暦の十月から三月下旬まで寒気ははなはだしく、極寒には北上川も結氷して人馬が氷上を往来するほどで、水鳥がいなくなり、規則通りの猟期では銃猟生計をたてかねます。玉造、本吉、気仙《けせん》、東山辺（今の宮城県北部から岩手県南）などは夏秋とも猪、鹿の類が、昼夜山間の田畑を荒らしますので、猟銃で防がなければやっていけません。県内山間の村々はもちろん、耕作地、道筋などは一年中銃猟を許可してくださいますよう、山中の者の生計を助けるためにお願いいたします」

と陳情して、年中鉄砲を撃つ許可をもらった。これでは野生動物はたまらない。鹿は急速に減り、鹿に頼っていた狼は、いっそう飢えたろう。

狼成金

水沢の黒田助から、北上川を西に越えた田園地帯にまわってみた。ここは北上高地ではなく残雪をいただく奥羽山脈のふところで、東北新幹線や東北自動車道が走っている。今は工場が出来て、農民の多くは兼業農家になった。

狼獣殺獲御届

本日午前十一時頃、塩竃村の野山を越えるとき、狼が数頭現れたので精々尽力、雌狼一頭を捕獲しましたので、お届けいたします。

塩竃《しおがま》村（水沢市＝現奥州市）　小野寺卯之助

明治十一年九月八日

26

今はビルの立ち並ぶ水沢市の中心街に、百十数年前には群狼の走る自然があった。卯之助さんはそこでただ一人、群がる狼に棒でもふりまわしたようだ。「精々尽力」という言葉に、必死に戦う男の姿が浮かんでくる。小犬でも牙をむき、唸りながら向かってきたら恐ろしいものだ。しかも、卯之助さんを囲んだのは数頭の狼だ。普通の人なら腰を抜かしてしまうのに、卯之助さんはずば抜けた気力と体力の持ち主だったろう。

卯之助さんは殺した狼の運搬を通運会社へ頼んだ。盛岡へ里程十七里（約六十八キロ）。卯之助さんは、興奮のさめやらぬまま、今度は火縄銃を担いで近隣の村を探し歩いた。彼は職業猟師だったようだ。

驚いたことに二日後、またも狼を捕った。

狼獣殺獲御届

一、雄狼一頭

一、雌狼一頭

右二頭、本日十二時頃、小山村（胆沢《いさわ》町＝現奥州市）掘切野山で殺獲しましたので運送いたします。

明治十一年九月十日

塩竃村　小野寺卯之助

27

これは同時に二頭だ。北アメリカの狼は賢くて、プロ猟師で動物作家のシートンは、銃でも罠でも狼を仕留めることは容易ではないと書いている。すると卯之助さんは狼の弱点を知った狩りの名人だったろう。

県が報労金を出したとすれば、しめて二十三円の大金を卯之助さんは手にしたはずだ。狼成金という言葉があったとすれば、卯之助さんこそその人で、名声は鳴り響き、子や孫にも自慢する者がいたことだろう。その断片でも聞きたいのだがかなわない。

明治十一年、十二年の捕獲記録で、複数の狼を捕ったのが五人に過ぎないのは気になる。この小野寺卯之助さん、岩泉町の土橋市太さん(⑧・⑨)、矢巾《やはば》町の吉田友次郎さん(㊽・㊾)、佐々木市五郎さん(㊿)、小松六兵衛さん(54・55)だが、もっと大猟する人が出てもよさそうなものだ。アメリカで狼に懸賞がついたときに、多数の男が狼の生息地に集まったという。賞金稼ぎで何年も生活するプロのハンターが出現したのだ。岩手でそのようなことが起きなかったのは不思議だ。

捕獲地の掘切野山は、胆沢町の東北高速道路からも見える西側二、三キロ付近。かつては原野だったが、今は米のとれる沃野となった。昭和四十年代までは、初夏には日がな一日カッコウが鳴き、カミナリシギと呼ばれるオオジシギが中空に豪快な羽音を響かせていた。今は静まり返って、カッコウの声すら遠くなった。

原野の中の狼堂

胆沢町(現奥州市)は、奥羽山脈の焼石岳(一五四八メートル)のすそ野に広がっている。かつては人煙稀なというふうに、家は互いに遠くポツン、ポツンと離れていた。

その一角、大畑平に赤い鳥居が二つ、木立に囲まれた社がある。正面の額は三峰山

木立ちの中に赤い鳥居。大畑平の狼堂

平泉から北上川と奥羽山脈を望む（撮影：吉野崇）

だが、人は狼堂と呼ぶ。小さな石の祠だったが、最近立派に建て直した。付近は、かつてはさびしい原野でよく狼が出た。町使いに行き、日暮れて帰る人を悩ませた。荷を積んだ馬が狼の気配がして暴れたのだ。困った村人が衣川の三峰神社に願って分霊を祀ったのが始まりという。祭日は九月十九日。赤飯のおにぎりを二つわらつとにつつんで上げるのはよその三峰山信仰と同じ。祠を立ててから狼の荒れるのは減ったという。

水沢の小野寺卯之助さんが二頭の狼を仕留めた三日後、狼堂の近くで狼を捕った人がいた。

猟狼御届

小山村（胆沢町＝現奥州市）猟銃稼人　伊藤専右衛門

一、雌狼一頭

右の者、小山村大畑平で本日、狼を捕ったと届け出ましたので護送いたします。ご規定の御手当てをくださいますようお願い申します。

明治十一年九月十三日

[28]

専右衛門さんは「猟銃稼人」とある。現在では狩猟を職業とするのは難しいのだが、当時はキジやヤマドリ猟は金になる生業だった。一羽が米一升から三升になる。

専右衛門さんの子孫は不明。どうしたものかと思案していると、狼堂の境内の遭難碑が目についた。昭和六年一月十日、山帰りの村人六人が猛吹雪にあい、近くの牛ころばし原で五人が凍死したとある。このとき、二十歳の弟を亡くした渡辺庄市さん(八十二歳)は、あれほどの強風は吹いたことがないと語る。当時は七戸、今は九十一戸の豊かな農村となった胆沢町大畑平のあたり、石碑は大自然の営みに人は敬虔であれと教えている。

狼堂から東に四キロ、狼志田という奇妙な地名がある。バス停は枯れたハス池のそばで、ゆるやかなくぼ地にあった。オイノにちなむ地名なのだが、語尾がわからなくて困っていると、シダは土止めした斜面の垣のことという。そこで狼と人のドラマがあって地名となったろう。

つづいてもう一頭の狼が霜の降りるころ捕れた。

狼獣捕獲の御届

若柳村(胆沢町=現奥州市) 猟師　及川健之進

一、雌狼一頭

このたび、小山村字中沢で狼の雌一頭を討ち取りましたのでお届け申します。

明治十一年十一月十日 ㉙

中沢は狼堂から南にすぐの所で、健之進さんは猟師とあるが、及川姓は若柳に三十軒もあって、健之進さんの子孫は見つからない。

ともかく八百年も前に奥州藤原文化の栄えた平泉の北、十数キロの山野が明治になっても狼の生息圏だった。すると中尊寺の金色堂のあたりにも、どうかすると狼が出たろう。

鍬で打ち殺す

胆沢町の北に金ケ崎町が広がっている。ここを流れる川も平成二年十一月の大雨で氾濫し、大きな災害をもたらした。上流の森林を伐りすぎたからだろう。

山麓を見渡す胆沢川と永沢川にはさまれた丘にも狼はいた。この二ヶ所は一キロも離れていない。

検査御届

永栄村（現金ケ崎町）　猟師　高橋勘太郎

一、雄狼一頭

右は銭干と申す所で職業の猟をしていた際に殺獲したと届け出ましたので検査をしたところ狼に相違ありません。

明治十一年三月二十五日

30

雌狼殺獲の儀につき御届

永栄村　農業　青木新右衛門

他一名

一、雌狼一頭

右は本日午前五時頃、永栄村青木新右衛門と喜左衛門の父源居が、細越浦《ほそごえうら》で耕《こう》耘《うん》の際、殺獲したと届け出ましたので持参させます。

明治十一年九月八日

31

青木新右衛門さんらは朝飯前に畑に出て、鍬《くわ》か棒で狼を叩き殺した。明治の農夫のたくましさは現代人には及びもつかないが、狼がむざむざ叩かれるのはなぜだろう？

これも農夫らに牙をむいて来たのではないか。
新右衛門さんは明治三十一年、七十三歳で死んだ。ひ孫の青木則夫さんは狼の話は聞いたことがない。狼が捕れたころ、現地は草刈り場だったという。今、細越浦はアスパラガスの大生産地になっている。次は交通事故のような捕獲例だ。

御届書
西根村（現金ケ崎町）　坂　牛吉
菊地吉太郎
一、雌狼一頭
右は左渕にて午前八時ころ、二人で麦畑の雪消しのため土張りに出向く途中、ふと出合い、もっていた鍬で打ち留めたと申し出たので、現物をもってお届けいたします。
明治十一年三月二十七日
32

狼がたくさんいたころには、出合い頭のような捕獲もあったのだろう。牛吉さんは同町日當《ひあたり》の人だった。しかし、子孫に狼捕りの話は伝わっていない。左渕はどこなのか不明。

御　届

西根村　鳥獣稼営業人　宮舘卯太郎

一、雄狼一頭

右は当郡の内、大森という所で十一日に打ち留めたと申し出ましたのでお届けいたします。

明治十一年四月十二日 33

卯太郎さんは天保六年（一八三五）生まれで、肩書は猟師だ。明治四十年に七十三歳で亡くなっている。代々庄屋をし、熊を捕った自慢話は何度か語ったが、狼のことは話していない。

宮古の鈴木栄太郎さんが百歳のときに語ったのを思い出す。当時の狼は狐や狸なみにありふれた動物で、それを殺した話など珍しくもなかった。それで自慢話が残らなかったろうという。

ともかく金ケ崎町から四頭が盛岡へ運ばれたことが判明した。奥山だけでなく、駒ケ岳の麓に広がる原野や田園もかつては狼とその獲物たちの領土だった。

魔除けと狼除け

再び東側の北上高地に分け入って、県内太平洋側の最高峰、五葉山（一三四一メートル）付近のこと。五葉山麓の岩手南端、陸前高田市からも狼を県庁へ差し出すものがあった。ここは暖流のせいで県北と比べてはるかに暖かい。寒椿が咲き、茶の木の生け垣がそちこちにある。

御　届

矢作村（現陸前高田市）猟稼人　菅野減七

一、雄狼一頭

右は本月二十日当村字原台において猟銃をもって殺獲したと届け出ましたので、直ちに本人に持参させます。

明治十一年二月二十一日

㉞

原台山（八九四メートル）は大東町《だいとう》（現一関市《いちのせき》）との境にそびえている。陸前高田市の高峰で、山頂は台状に広い。尾根づたいに南へ行くと黒森山があり、ふところの深い山だった。

御届書

一、雄狼一頭

一、雌狼一頭

矢作村　職猟稼人　中平升蔵

職猟稼人　千葉与次右衛門

右は当村黒森山において猟銃で殺獲したと届け出ましたので、直ちに本人どもをもってお送りいたします。

明治十一年三月二十三日 ㉟

夫婦なのか二頭の狼が同じ山で捕れている。升蔵さんと与次右衛門の子孫は今も同じ集落に住んでいたが、狼捕獲の話は誰も知らない。二人は仲良く連れ立って出かけたようだ。鹿狩りの最中に、飛び出した狼を撃ったのかもしれない。

黒森山はその昔、黒いほどヒバの繁る山で鹿がたくさんいたという。今はすっかり伐られてススキの混じる雑木山になってしまった。

中平さんの家では、玄関に鹿の片足を吊るしていた。魔除けだといって気仙沼の猟師がくれたという。金沢の奥で狼の足を吊るしたのはこうだったのかと、身震いして見つめた。

近くの菊池義右衛門さん（八十三歳）は、狼除けの行事を今年もした。正月の掛け魚（黒ソイか赤ぃキチヂ）二匹の頭と餅二切れを裏山の杉の切り株にのせて、

「馬だの牛だの、人の目につかねぇようにしてけろ」

と拝む。時は正月七日の門松を納める日で、上げたら後ろを見ないのは、内陸の狼の餅と同じ。次の朝、魚の頭が消えると、狼さまが持っていったなと安心する。

「こんなことしているのは、おら家ぐれぇだべ」

菊池さんは笑う。子どものころ、矢作村の奥のほうではあちこちでしたという。旧藩時代は伊達領だが、やはり狼が少なくなかったのだ。


子狼、じゃれついたか？

陸前高田市の氷上山《ひかみ》（八七四・七メートル）山麓には、広田湾をのぞむ山ふところに名刹普門寺があり、山門には荘厳ともいうべき杉の巨木が二本そそり立っている。樹齢はざっと五百年。この巨木は狼の咆哮を何度も聞いたろう。次の狼の捕獲地はそのお寺の近くで、西側が和野で東側が左野だ。雑木林の中にリンゴ園があり、宅地化がはじまっている。

御届

高田村（現陸前高田市）川原留之松

一、雄狼一頭

右は高田村字和野という所で殺獲しましたのでお届けします。

明治十一年七月二十三日 36

御届

高田村 昆 久太郎

一、雌狼一頭

右は高田村字左野という所で殺獲しましたのでお届けします。

明治十一年七月二十四日 37

眼下に海が見える左野山の斜面で、夏の盛りに狼狩りがあった。雄雌が撃たれたのは、子育て中でもあったろうか。

次は少し山あいだ。

御　届

横田村（現陸前高田市）　村上善三郎

一、雄狼一頭

右は昨年十二月二十九日、同村青松山で捕獲したと届け出ました。当人に持参させますのでご成規の通りお手当くだされたくお願い申します。

明治十二年一月五日　38

横田村は気仙川の上流、氷上山と並ぶ雷神山（五四九メートル）の山麓に広がっている。狩集《かりあつめ》という地名があった。昔は鹿の巻き狩りで勢子の集合地だったろう。

御　届

氷上村（陸前高田市）　吉野半兵衛

右のものが去る一日夜、同村鷹子長根を通ったとき、子狼と見えるものを打ち殺したと届け出ましたので、直ちに本人に持たせました。ご検査のうえ、お手当くだされたくお願いします。

明治十二年五月三日　39

ここでは子狼が捕れた。鷹子長根は普門寺の西方二、三キロの所。巣穴近くで、警戒心が薄い狼のコドモが人に近づき、殺されたのではないか。おそらくオトナの狼が留守の一夜だった。

ボス狼、四人の男を攻撃

大船渡《おおふなと》市の北側にそびえる五葉山の鹿は復活した。戦後は一時、滅びかけたのだから奇跡のようだ。今は増えすぎて山麓の農作物を荒らすので困っている。天敵の狼がいなくなって、生息数のコントロールはハンターに頼らねばならない。

狼獣検査御届

日頃市《ひころいち》村（現大船渡市）猪股喜右衛門

一、雌狼一頭

右は甲子《かっし》横川にて本月十二日、鉄砲にて殺獲しましたので持参いたします。

明治十一年二月十八日 [40]

御届

日頃市村　佐藤竹松

一、雄狼一頭

右は当村、中甲子という渓谷にて、猟銃で殺獲したと届け出ましたので、本人どもが右の狼を持参、御課に出頭しますのでよろしくお願いいたします。

明治十一年十一月十一日　41

陸前高田市の東に山つづきの大船渡市でも狼が捕獲されていた。二ヶ所とも五葉山の南面、赤坂峠への途中である。広葉樹が繁り、すすき野もあって、秋には雄鹿が雌鹿を呼んで「オビィーロー」と美しい声で鳴く所だ。だが、二人の猟師が報労金をもらったかどうかは、よそと同じように不明。炎天下の逃げ水のように、追っても追ってもつかめない。

山麓の海は、現代では磯焼けが広がってアワビが減っている。広い範囲で不気味に海草が消えるのだが、ここにも記録があった。

雌狼殺獲の儀につき上申　越喜来《おきらい》村（三陸町＝現大船渡市）　農業　平田長蔵

右の者、同村内井戸洞《いどほら》山において、雌狼を一頭殺獲しましたので、ただちに御本課へ運送しますのでよろしくお願いいたします。

明治十一年九月七日　[42]

三陸町から大船渡へ越える国道四五号線はひっきりなしに車が通る。道端にちいさく井戸洞山の標識を見つけた。雑木林に杉が混じっている。昔は草刈り場やカヤ野があって、もうすこし見通しがよかったという。

海辺の村で平田姓を探してみた。何軒かあるのだが長蔵さんは見つからない。そんな名前の人は聞いたことがなく、仏壇の戒名を捜しても見当たらない。もちろん狼を捕った人なんて……という。どこでもそうだが、わずか百年ちょっと前なのに、なぜこうもご先祖さまが消えるのだろう。どこの墓地にも競争のように豪華な墓石が立つというのに。

その三陸町にもう一例あった。

検査御届

越喜来村　農業　熊谷与太郎

一、雄狼一頭

右は本月十八日、同村所通《ところかよい》と申す山中において殺獲したと戸長より届け出につき、検査したところ狼に相違なくお届け申し上げます。

明治十二年十一月二十四日　43

このとき、狼に添えられた届けは「豺狼殺獲シタル義ニ付上申」というもので、捕獲者は農業手伝いの次男、捕獲の様子は次のようなものだ。

右の与太郎外三名が午前六時頃、共有山の大窪山の草刈りに、所通の山中を登って行くと、突然、正面から三頭の狼が現れました。二頭は人が来たのを見て一目散に逃げましたが、一頭は人の来たのを怒り、色をなして目を怒らし、まさに噛みつかんとして走り来ました。与太郎がとっさに鎌を振り下ろすと、運良くエラにささり、狼はばったり倒れたので難なく殺したと、この段申し上げます。

大船渡市の所通。今は高速道の下になった

吐く息も白い初冬の朝。馬屋の敷き草刈りに、海辺の若者が四人、山道を一列になって登って行った。そこへ上のほうから三頭の狼が走ってきた。男たちを見て二頭は逃げたが、先頭の大きなものは牙をむきジャンプする。与太郎さんはたくましい若者で、狼の頸動脈を大きな鎌で払った！

これは狼が憤怒を見せた貴重なレポートだ。群れを率いるボスが、ただ一頭で四人の男たちを攻撃した!!

この闘志のために、永栄村（現金ケ崎町）や西根村（現金ケ崎町）でも得物を持ったお百姓さんに立ち向かい、叩き殺されたのではないか。なんというボスの闘魂！

しかし、これは血に飢えた行為ではない

のか！　いいや、人間の侵略をこらえきれず、闘いをいどんできたのだ！　狼ファンとして、ひそかに敬意を捧げるのは許されないか？

狼の出た所通は、大船渡市の国道四五号線から越喜来への入口付近。今は湾を見下ろす町になっていて戸数は百十戸。八幡さまには樹齢七千年というすさまじい老杉の巨木が立っている。

近くの熊谷伊左衛門さん（八十九歳）は六、七歳のころ、父親と山へ行き、山犬が二頭、腹ばいになって休んでいるのを見た。そのとき父親が声をひそめて、あれは狼だぞといった。立耳で赤っぽい毛並、口が大きかったように覚えている。

この話から、それが本物だったかどうかは別として、明治四十年ごろまで、村人が狼の生存を信じていたことがわかる。

与太郎さんの生家は、熊谷姓だらけでどうしても見つからない。

オイヌクサレを探して暮らす

大船渡市の西につづく住田町は、五葉山、種山ヶ原などの山々に囲まれ、谷も深い。ここを流れる気仙川はアユの宝庫で、全国から訪れる釣りファンが多い。

御届

上有住村《かみありす》（現住田町）　小山富蔵

一、男狼　黒絞り一頭

右は同村土倉山において、本月十六日鉄砲にて捕獲したと申しますので、このたびお届け申し上げます。

明治十一年十二月十七日　44

検査御届

世田米村《せたまい》（現住田町）　鳥獣猟稼業　紺野市太郎

一、雄狼一頭

右は本月五日出猟の際、沢内で撃ったと届け出ました。毛は黒絞りで全くの狼と認められます。

明治十二年二月九日　45

黒味の強い絞り模様の狼だった！　闇にとけこむ魔物のような姿だったのに鉄砲で撃たれてしまった。アメリカにも黒い狼がいたという。このような記録にぶつかると、彼らの野性に満ちた姿が浮かんでくる。なんという凄い狼がいたことか！

この富蔵さんと市太郎さんは職業猟師だったが家は不明。

蛇行する気仙川にそって上ると、流れは浅くなり、滝観洞という鐘乳洞の近くに狼が捕れた土倉山があった。

そこの土倉という集落で、木樵《きこり》姿の藤井豊三郎さん（七十二歳）に会った。豊三郎さんは祖父の金兵衛さん（明治十七年生まれ）から、裏山で狼が夕方になると吠えるので、わらし（子ども）のころは淋しくて（怖くて）夜は外の便所へ出られないと聞いた。

土倉から桧山《ひやま》沢へ入ると、雪をかぶった五葉山と愛染山の山頂がすぐそこに見える。昔、上有住の人は二つのピークの間（九一九メートル）を越えて釜石までクワの葉をつみに行った。

桧山沢には十二戸あって、長老の紺野種治さん（九十七歳）は嘉永二年（一八四九）生まれの父、弥右衛門さんから、峠で毎年狼が子育てをしたと聞いた。そこには根曲がり竹がびっしり生えていたが、つづら折りに登って行くと、竹藪の中で子狼がクンクン、クチャクチャ騒ぐ声がしたという。それは種治さんが三、四歳のころか、生まれる前かはっきりしない。母親もその声を聞いたという。種治さんが十四、五歳で峠を越えるようになってからは、そんなことはなかったから、明治三十年以前のことらしい。

父親の時代には、やはり放牧の馬が狼にやられたという。そのころ甚太郎さんという男が、村はずれの傾きかけた小屋に住んでいた。甚太郎さんは一人ぽっちで、オイヌクサレを拾って暮らしていた。オイヌクサレとは狼の食べ残した鹿の死骸のことだ。おもしろい暮らしをする男がいたものだ。

甚太郎さんは山をめぐって、カケスやカラスの騒いでいるのを目当てにそれを見つけ、肉を少々もらってきた。シシ鍋にして食べたのだ。狼のものを奪うのだから危険なことだが、甚太郎さんは狼にいじめられもせず、たまには八つ又の雄鹿の角なども拾い、それを米や濁り酒と取り替えて暮らしていた。八つ又の角とは最大級の雄鹿のもので、金持ちの家では床の間に飾って刀掛けにした。

種治さんは、甚太郎さんの暮らしをうっとりと語る。

「今となれば、ほんに羨ましいな」

まさにスローライフというものだったろう。

徹底的な駆除作戦

最後は県都、盛岡付近のこと。そこは北上川と中津川の合流点に築かれた城下町だが、残雪をいただく岩手山麓の原野とまわりの里山には鹿の小群が遊んでいたし、狼も残っていた。

御届

下厨川村《しもくりやがわ》(現盛岡市)　士族　川守田政安
農業　木ノ下藤吉

一、雄狼一頭

右は同村雫石川《しずくいし》すじ、目盲渕《めくらふち》にて川瀬漁の者、去る五日に狼を見つけ、川向いの者と追い散らしていましたが、この七日午前十一時ごろ、クワ畑に相形《あいかた》を連れて現れたので、向いより追い、中川原へ隠れたものを水中で打ち殺したのでお届けします。

明治十一年五月七日　46

今の盛岡駅の北西部にあたる所のこと。目盲渕は諸葛川《もろくず》と雫石川の合流点で、秋田への国道が通っている。里数は盛岡の中心部まで一里(約四キロ)。

川守田さんは元は盛岡藩士で、士族と肩書きがある。木ノ下さんは農業だ。二人はウグイ取りでもしていて、二頭の狼に気づき、一頭を棒で殴り殺したようだ。この狼はケガでもしていたのだろうか。相形というのは連れ合いのこと。

御届書

鵜飼村（滝沢村＝現滝沢市）農業　長沢好蔵

一、雄狼一頭

右は同村の中廻りより中所へ、ときどき忍んできていたので、この春から落し穴を仕掛けていたところ、一昨二日に落ち、殺しましたのでお届けいたします。

明治十一年六月四日 47

滝沢は岩手山麓で、今は盛岡市のベッドタウンになっている。狼が忍んできたということは、一頭だけでおどおど暮らしていたようにみえる。山神と敬われ、群狼と恐れられたものが、取るに足らぬものになった。鹿が少なくなれば狼の群れは飢え、二、三頭ずつになってタヌキやアナグマ、ノウサギやノネズミなどの小さなものを探す。もっと飢えればバラバラになって人家付近もあさる。絶滅の近い動物の宿命だろうか、あわれとしかいいようがない。

御　届

一、雌狼一頭
一、雄狼一頭

右は本日、藤沢村堰間にて猟銃をもって殺獲したと届け出ました。
明治十一年七月十六日

西徳田村（現矢巾町）　中村伊太郎
吉田友次郎

48

検査御届

一、雄狼一頭

右は同村宮田にて生け捕ったと申し出ましたので、検査したところ狼に相違なくお届けいたします。

明治十一年七月二十日

藤沢村（現矢巾町）　猟師　吉田友次郎

49

どちらも盛岡南部で、北上川流域の今は国道四号線が走っている付近のこと。友次郎さんの家の屋号は今でも「鉄砲ど」で、昔は猟を稼業にしていた。「ど」は

「殿」という意味らしい。子孫は今でも鉄砲さんと呼ばれているが、伊太郎さんの狼話は誰も知らない。友次郎さんのものは、子狼だろうか生け捕られている。

堰間と宮田は奥羽山脈の南昌山麓《なんしょう》の田園に隣り合っている。今はそばを高速自動車道が通り、埋立地に巨大な流通センターが建っている。当時はマガンやヒシクイ、カモなどの大群が降りる沼や湿地だらけで、猟師にはいい猟場だった。高台に立ってみると、流通センターにはたくさんのトラックがいた。ここにこれだけの狼がいたということは、狼の獲物になる鹿が、まだ北上川の流域に残っていたからだろう。

盛岡市の村井文治さんは、明治三十二年生まれだが、子どものころ、盛岡の町を鹿の腿《もも》肉などをむきだしのまま、天びんの前後に吊るして売りに来る男がいたという。雪の降りしきる中を、毛皮を着てほっかぶりをした髭もじくゃの男が、黒くすすけた箱を背負って、

「山トド、山トドー！　山トド、山トドー」

と獣の肉を売りに来ることもあった。背中の箱から、蹄《ひづめ》の足がのぞいていたりして、村井さんはギョッとした。たくましいマタギの姿に、山賊はこんな格好かなと思ったという。

トドというのは三陸の海に棲む海獣のことだが、ここでは猪のことのようだ。

御届

一、狼四頭　内、雄三、雌一

右は東徳田村（現矢巾町）字下谷地にて殺獲したと届け出ましたので、急送いたします。

明治十一年七月二十一日

白沢村（現矢巾町）　佐々木市五郎

50

市五郎さんは一日で四頭を仕留めた。近所に伝わる話では、家の前の小道に小さな肉片を点々とまいておびきよせ、障子の隙間から撃ったという。ここまで使われた猟師の鉄砲は、いずれも時代物の火縄銃だ。それでもこれだけの狼が犠牲になっている。

このころ全国的に猟が流行《はや》り出し、にわか猟師たちは賞金がついていなくても、狼に出会ったら鉄砲の引き金を引いたろう。それでどこの県の狼も絶滅に向かったのだ。

盛岡まで三里（約十二キロ）ばかりを運んだのは八人。市五郎さんは人夫を頼んで二人で一頭ずつを担がせた。規定の報労金をもらったとすれば二十九円。米なら二十五俵くらいの大金だから大評判になったはずだが、誰も知らない。次の都南《となん》村は盛岡南部に広がるのどかな村だ。

御　届

三本柳村（都南村＝現盛岡市）藤村丑松

一、雌狼一頭

右は矢巾村字部砂子田にて殺獲しましたのでお送りいたします。

明治十一年七月二十二日 51

島県令の意を汲んだ役人たちが、狼がうろついていては県都の恥だと、狼退治を督励したのではないか。一斉に狼狩りをしたらしい。三日つづけて獲物があった。

検査御届

三本柳村　吉田八五郎

吉田弥四郎

一、雄狼一頭

右は同村権現堂で殺獲したと持参したので検査したところ狼に相違ありません。

明治十一年八月十五日 52

強い絆で結ばれていた狼の家族は、人間の徹底的な攻勢でバラバラになったことだろう。仲間を失った一匹狼だろうか、犠牲になってゆく。群れの崩壊が狼の生命力を失わせたようだ。

あわれな絶滅寸前の生態

次の狼は畑で草取りの女でも見つけて騒ぎたて、男たちが手に手に得物を持って殴り殺したようだ。飢えて弱ったものか、弾キズでもあってよろよろしたものか、一つ、また一つと殺されてゆく。狼たちの悲鳴、長く尾を引く慟哭が聴こえてくる。

検査御届

仙北町（現盛岡市）　平民　庄田駒吉

平民　他四名

一、雄狼一頭

右は本日午前七時頃、岩手郡仙町字組町裏、佐藤栄助の畑で殺獲したと届け出たので調査したところ狼に相違ありません。

明治十一年八月十九日

53

庄田駒吉さんの職業は不明。農民か元町人か。仙北町はご城下の繁華街のあった所だ。狼はここでも男たちに囲まれて逃げられなかった。

これまで盛岡近辺から運ばれた狼は十二頭。県庁近くにこんなに狼がいたとは今では想像もできない。だが、盛岡南部の狼はこの日を最後に消えたようだ。翌十二年は一頭も届いていない。四月に都南村から届いたものは里犬と鑑定されている。ノライヌだった。

御届書　　　　　　下厨川村（現盛岡市）　なめし業　小松六兵衛

一、雄狼一頭

右は毛皮なめし業ですが、五日前から皮張り場の牛皮などを食い散らすものがあり、里犬のしわざかと垣根の際にヒラ落しを仕掛けておいたところ、夜九時ころ大きな音がして狼がかかりましたのでお届けいたします。

明治十一年九月九日　　　　54

盛岡付近における最後に近い記録が出てきた。捕獲地は盛岡の北西部、厨川村厨川

字三ツ家。里数は二十五丁（二・七キロ）、こんな町近くにも出没したのだ。一匹狼だろうか、飢えて生皮の臭いに誘われている。ゴミ捨て場をあさらなければ生きられなくなったのか。生態系の頂点にいたのに、あわれとしかいいようがない。

御届　　　　　　　　　　　下厨川村　なめし業　小松六兵衛

一、雄狼一頭

明治十二年十月三日　　　　　　　　　　　　　　55

かろうじて残っていたものか、一年後に同じ毛皮屋のヒラ落しにまた狼がかかった。人々が狼退治に力を尽くしたことは悲しい。子孫は今も同所で小松太鼓店を営んでいる。

カセキは犬との混血種か

おしまいに、カセキについても触れておこう。

カセキは、先に記したとおり狼とも犬ともつかないもののこと。古老の中にはカセギと濁って発音する人が多い。これには、黒絞りという狼そっくりの毛色のものもいた。

明治十一年、十二年の届けに、次のようなものがある。

検査御届

近内村（現宮古市）　木村惣八

一、カセキ雄一頭

本日近内村オマタ山で雄狼を殺獲したと届け出ましたが、検査したところカセキと鑑定いたします。

明治十二年四月九日

検査御届

東中野村（都南村＝現盛岡市）　野辺地□治

一、雄狼一頭

右は紫波《しわ》郡見前《みるまえ》村（現盛岡市）久保屋敷裏にて捕獲したと届け出ましたが、警部立会いの上検査したところ、狼にあらず、カセキにあらず、全く里犬と検査しましたのでお届けいたします。
明治十二年四月十八日

狼が出るような山里では、たいてい用心に犬を飼っていた。それらは日本犬と呼ばれる血すじのもので、耳が立ち尾はきりりと巻くか差し尾だった。毛色はアカという茶色が主だが、黒いもの、黒白のブチ、虎毛などもいた。

日本の犬の先祖の骨は、約一万年前のものが発見されている。縄文人も犬とともに暮らしていたのだ。

田名部雄一著『犬から探る古代日本人の謎』によれば、その犬はインドネシア、カリマンタン、台湾方面にルーツのある柴犬サイズの小型犬で、次に中国、朝鮮半島から渡来した犬との交雑があって、中型犬の紀州犬、甲斐犬、四国犬となり、ついで西洋から導入された大型犬によってひとまわり大きな秋田犬が誕生したという。北海道犬は、朝鮮半島から入ってきた犬との交雑は行なわれていないという。

飼い犬はよく吠えて、怪しいものの近づくのを知らせた。気の強い犬もいたが、夜、狼が出れば怖がり、尾を股の間にはさんで縁の下や家の土間に入って隠れた。

そのいっぽう、狼が減るにつれて野犬が横行するようになり、家畜を襲ったりした。

飼い犬の中に裏山で子を産むものがあり、やがて野生化して群れをなすようになったのだ。

こうした野犬の姿は、村人たちには狼に見えたことだろう。それを狼との混血種、カセキだと恐れる人もいたのだ。

捕獲地は県内全域に

これで岩手県公文書庫で眠っていた『獲狼回議』と『狼回議』の狼捕獲届五十五件、七十五頭の追及は終わった。もっとないかと探してみたが見つからなかった。

まとめてみると、明治十一年の狼捕獲届は四十三件、翌十二年は十二件。二年間の捕獲数は合計七十五頭（雄三十二頭、雌二十三頭、幼獣二十頭）にのぼった。

県内の六十二市町村（平成の大合併前）のうち、捕獲地は次の通り。

盛岡市四、都南村一、矢巾町五、滝沢村一、玉山村一、大迫町一、水沢市二、金ケ崎町四、胆沢町三、江刺市一、遠野市四、陸前高田市七、住田町二、三陸町二、大船渡市二、川井村五、新里村一、岩泉町二、田野畑村二、久慈市二、大野村三、九戸村一、種市町一。

カセキは、都南村二、矢巾町一、胆沢町一、室根村（現一関市）一、三陸町一、新

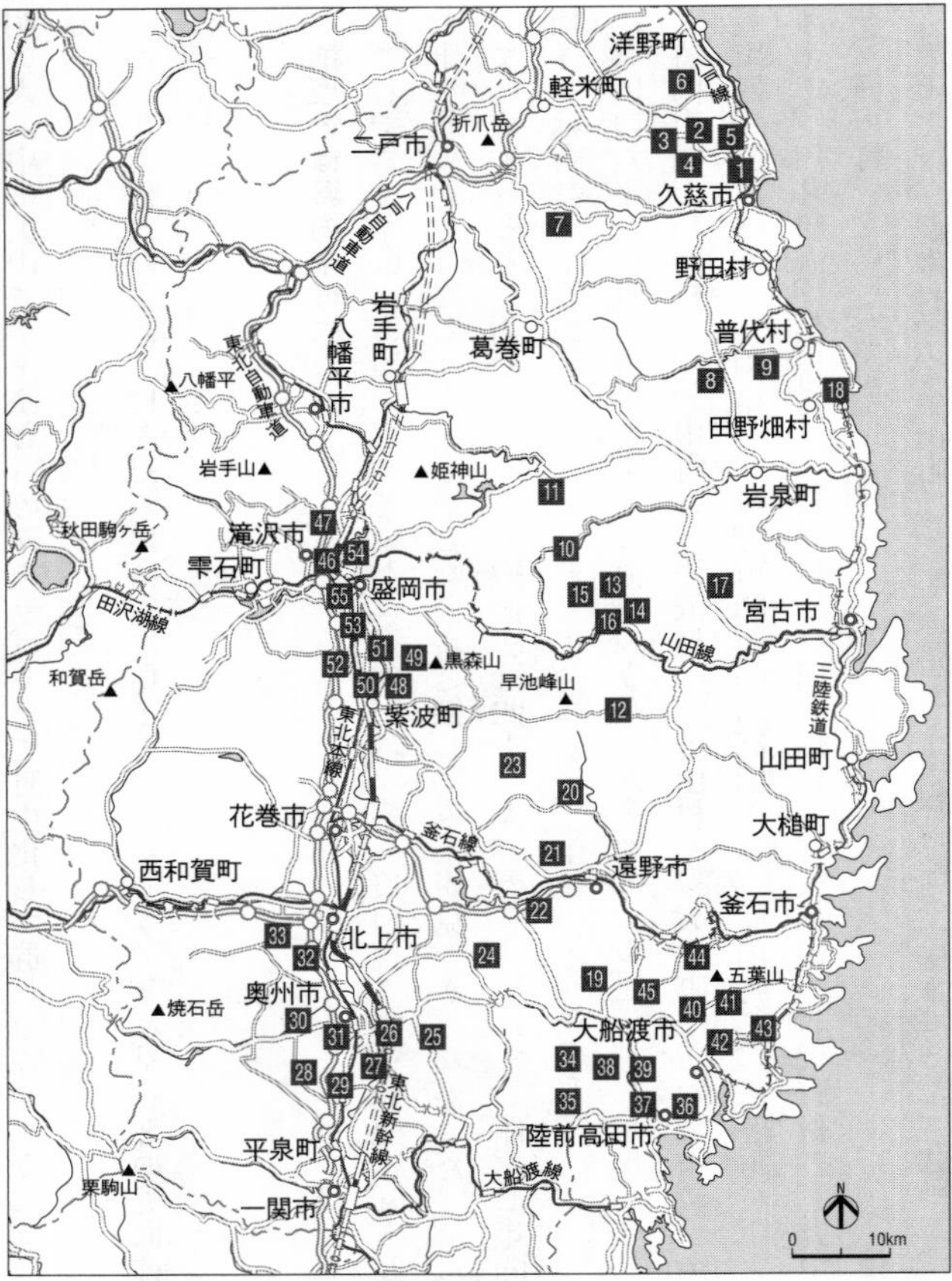

明治11〜12年の狼捕獲地（岩手県内55ヶ所・計75頭）

里村二、田野畑村一、宮古市一と全県的に十例あり、鉄砲やヒラ落しで捕獲されている。

届けられた例を岩手日報紙上でとりあげ、何度か呼びかけたが報労金をもらった人は出てこなかった。しかし、この七十五頭の狼の捕獲届けは豊かだった岩手の記憶として長くとどめるべきものだろう。

また、宮古市の山口村から一頭も届いていないところをみると、山口村で捕獲した二十二頭はやはり野犬だったろう。

公文書の調査を終えて

地図上に捕獲地を記してみると見事というほかはない。二年分でもこうなのだから、六年分ではさぞや壮観だったろう。盛岡などの都市部にも、少し郊外なら狼が生息していたことに驚く。そこに鹿の群れがいて、狼もいたのだ。

しかし、五十五ヶ所の捕獲地を尋ね歩いてみると、かつては山林原野だったところが賑やかな町に変貌して、捕獲地が不明なことも多かった。捕獲者はおろか組惣代も見つからない。狼を捕獲して県庁まで運んだという記憶は、どこでも消えていて落胆した。

留守番のお年寄りには心よく応対してくれる人が多かった。それで場所がわかっても、同じ苗字の家が集まっていて捕獲者の名前が突き止められないことが多かった。仏壇の位牌を探しても見つからない。捕獲者の子孫に会うことはほとんどできなかった。

狼の報労金という大金の支払いは、全県下の牛馬の持ち主から集金し、郡役所から翌年以後の会計だった。忘れたころの支払いで感激が薄かったのではないか。

また、熊を捕った話は残っていても、狼を捕った話は消えていた。狼や鹿や猪、青鹿、狐や狸などを捕ることは、田舎の人々には小さな出来事だったらしい。

文明開化以来、明治の二十年代から三十年代に狼は消え、激しい戦争もあって、野生動物保護の思想は生まれなかった。開発が急で環境保護の思想も遅れに遅れた。

XII　いたましい最後

どこへ消えた？

大船渡《おおふなと》市の五葉山のふところに住む藤原栄之助さん（大正六年生まれ）は鳥獣保護員をしている。栄之助さんの祖父の熊蔵さんは狩りの名人で、捕獲した鹿や猪の肉を平地に運び米と交換して暮らしていた。熊蔵さんの所は水利が悪くて、畑はあったが田んぼがなかったからだ。

熊蔵さんは昭和十三年に八十六歳で亡くなったが、生前、何度も嘆いていたという。

「あんなにいた狼だの猪ぁ、どこさ行ったべ？」

栄之助さんは、狼が消えたのは明治三十年代の初めではないかと語る。五葉山にはまだ鹿の群れが残っていたのに、狼と猪だけが忽然と消えたのだ。

猪は、外来のトンコレラで死んだのかもしれない。トンコレラは豚の伝染病で死亡率が高い。柳田國男は「動物盛衰」で、「明治七、八年に日光御猟場の猪に流行病があって、どの谷に入っても二、三頭の死体があった。この後、猪を見た人はなくなった」と老監守の話を紹介している。

三陸海岸の船越半島の猪は明治二十四、五年に滅びたといわれている。そこの鹿は明治三十八年に捕獲された雌雄が最後だった。半島に接した内陸の鹿もほぼ同じころに終わった。

これに対し、狼の最後は鹿より数年早かったらしい。だが、三陸沿岸ではその証拠がみつからない。

狼にとどめの賞金

岩手県産馬事務所は、初期の民営の馬の生産組合だが、明治十九年、次のように狼の捕獲に賞金をかけ、県は認可している。

「獲狼賞与規則」

第一条　本県管内にて狼を捕獲して産馬事務所へ持参の者へは左の金額を賞与す。

ただし俗にカセギという里犬に類するものを除く。

一金、五円　雌狼一頭

一金、四円　雄狼一頭

一金、一円　子狼一頭
第二条（届出書など・略）
第三条　持参の狼は産馬事務所で処分する。
第四条　季節により腐敗の恐れあるときは内臓をとって持参すること。
右の通り本年三月一日より施行します。

島県令がかかげた報労金より安い賞金だ。盛岡付近からは消えたのに、まだ奥山に狼は残っていて、牛馬の被害は絶えなかったのだ。

安代町《あしろ》（現八幡平市）の「南部二戸《にのへ》郡浅沢郷土史料」に、

「佐藤仁吉という若者が夜、主人の大きな犬と争っていた狼を叩き殺し、県庁へ背負って出たが、四歳の猛狼と鑑定されて四円のご褒美をもらった。仁吉は勇名と恩賜で大評判になった」

とあるが、四円はこの賞与の雄にあてはまる。明治十九年以後のことだ。大迫《おおはさま》のクラさんの狼見物話もそうだろう。

もう一つ、川井村（現宮古市）小国の真田俊雄さん（明治三十八年生まれ）は語る。

「川井村土沢の佐々木平衛門は上背のある男だったが、道又峠にヒラ落しをかけて狼

狼につけられたご褒美

元禄九年（一六九六）九月……盛岡藩	狼一つ　米、片馬（一俵）三斗七升
享保九年（一七二四）……盛岡藩	母狼一匹　一貫五百文 父狼一匹　一貫二百文 子狼一匹　四百文
天明八年（一七八八）一月四日……盛岡藩	女狼一匹　九百文 子狼一匹　二百文
文政七年（一八二四）一月四日……盛岡藩	女狼一匹　一貫二百文 男狼一匹　一貫文 子狼一匹　二百文
江戸時代末期……盛岡藩	女狼一匹　一貫五百文 男狼一匹　一貫三百文 子狼一匹　三百文
明治三年（一八七〇）五月十日……盛岡藩	女狼一匹　三貫五百文 男狼一匹　三貫文 子狼一匹　七百文
明治八年（一八七五）九月八日……岩手県	雌狼一頭　八円 雄狼一頭　七円 子狼一頭　二円
明治十九年（一八八六）三月一日……岩手県産馬事務所	雌狼一頭　五円 雄狼一頭　四円 子狼一頭　一円

を捕り、盛岡へ運んで五円のご褒美をもらった。餌にはヤマドリ一羽を使い、盛岡までは往復三日もかかったずゥ」

この五円は産馬組合の雌狼の賞金に当たる。また、明治十九年十一月十八日の盛岡の巌手日日新聞に「狼の解剖」という短報がある。

「去る十四日、閉伊《へい》郡夏屋村の中山に平落しをかけておいたところ、狼が落ちたが、容易に捕獲できないので槍で突き殺した。直ちに庁下獣医学校へ持参したので、同校では医術研究のため解剖するという」

捕獲地の夏屋村は後の川井村で、明治十一年から十二年にかけて五頭の狼が届けられている。その七年後にまだ狼がいた。

この程度の記録があるだけで、何頭の狼が届いたのか産馬事務所の記録は見つからない。しかし、この明治十九年の通達も、山奥の男たちをふるいたたせ、残った狼にとどめを刺すことになったろう。思えば悪夢のような賞金だった。

最後の捕獲は明治四十年代か

明治二十四年、東京–青森間の鉄道が開通し、文明開化の波は富国強兵とともにみちのくにも押し寄せてきた。日露戦争が済んで間もない明治四十年十月十三日の巌手日報に「狼を捕獲す」と題した記事がある。

「一昨夜、盛岡市神子田《みこだ》の大坊助治というものが、当市の近く岩手郡中野村（現盛岡市）西安庭《あにわ》で、珍しくも狼二頭を捕獲した。その模様を聞くと、四、五日前より、梁川《やながわ》辺に狼が出没し、農家の鶏が取られる噂がひんぴんとしてあったが、つい三日前の夜、またまた市内上小路、字高崩《たかくずれ》、一條牧夫方付近に四頭の狼が現れ、内一頭の狼は庭内に入って鶏一羽を盗る騒ぎがあった。そこで盛岡署では警戒していたが、神子田の大坊助治は、いかにもしてこの憎むべき狼を捕獲しようと、夜な夜な見張りをして狙っていたが、一昨夜安庭で二頭だけは首尾よく捕獲したという。近頃、珍しい話である」

アンダーソンが奈良県鷲家口《わしかぐち》で狼を買ってから二年九ヶ月後で、場所は盛岡市内の今は国道四号線近くのこと。大坊さんの住んだ神子田は今は朝市で賑わうので有名。これが本物なら、日本最後の狼となるのだが、捕獲した狼がどうなったのかは不明。

当時、狼の餌となる鹿の群れは盛岡付近にはもう少なかったろう。猪はもっと先に消えている。青鹿《あおしし》は数が少ない。すると、農家の鶏は狼にとって恰好の獲物だった。

記者はこの事件を、近ごろ珍しい話と断っている。島県令が狼に報労金をつけてからほぼ三十年、狼は極めて稀れな存在になったのだ。そうして記者が、絶滅近い狼に憎しみをこめているのも悲しい。五年前に盛岡高等農業林学校が誕生して獣医学部もできたのに、野生動物保護の思想はまだ生まれなかった。

大坊さんは狩猟を趣味にしていて四十九歳で亡くなった。四人の子も他界して、狼を捕った話は誰も知らない。

ジステンパーでやられる

舶来文化をたずさえて渡来した西洋人には、狩猟を紳士の趣味にするものが多かった。猟犬はポインターやセッターで、キジを見つけると鼻先でポイント（合図）をし、撃ち落とした獲物をくわえて主人のところへ運搬した。

ポイントも運搬も日本犬はできないから、人々は西洋の鉄砲と猟犬に驚嘆した。そこで資産家は、洋銃と猟犬をぞくぞくと輸入した。

この猟犬がジステンパーのキャリアだったろう。ジステンパーは高熱、カタル性肺炎、神経麻痺などを起こす烈しい伝染病で、発病した犬は三、四日で死ぬ。狼の群れにも飛び火してたちまち広まったのではないか。そこで発病した狼の中には、人里でよろけるもの、水辺に倒れるものがあったろう。

明治三十年代前半に、奈良県や三重県では、狼の群れに伝染病が蔓延したことが、山村で生活している人に語り継がれているという。これは平岩米吉著『狼――その生態と歴史』にニホンオオカミ絶滅の原因の一つとしてあげられている。証言者は病気のために弱ってうろうろしている狼の姿や、狼の死体をたびたび見たという。

幕末まで、一般人の狩猟は禁止だった。それが明治になって解禁となった。ろくな産業のない村で、あたりの野生動物は現金になったし、よだれの出る食料でもあった。我も我もと鉄砲を持ち、手当たり次第にあたりの野生動物を撃った。そのころ、宮古の鈴木栄太郎さんによれば、村には火縄銃が多く、それを持ち出せば男たちは里山でたいていキジかヤマドリ、ノウサギやタヌキなどを仕留めて帰ってきた。

そこに狼に賞金がつき、間もなく火縄のいらない村田銃が発明された。ほとんど取り締まりもない中で乱獲が進んでいった。かろうじて残っていたツル、コウノトリ、トキ、ハクガンが滅んでゆく。鉄砲を撃つものを大目に見る富国強兵の時代でもあった。（拙著『盛岡藩御狩り日記』）

また、野生動物の生息地はいっそう開発されて、鹿や猪の群れが小さくなり、そこへジステンパーが襲った。この伝染病で狼の群れは仲間を失ったろう。助かった狼にも後遺症が残った。強いアルファ狼がいなくなり、血のつながる狼だけになるとコドモが生まれなくなる。

社会性の強い狼に、群れの崩壊が起きていった。ニホンオオカミは群れという運命共同体で生きるように進化し、一匹狼では長く生きられない生態を持っていた。いたましいことだ。

XIII　狼の形見

今も残る精霊崇拝の世界

こうして岩手の狼も消えていったが、II章で紹介したような民俗はかろうじて残った。

三陸の大槌《おおつち》町の最奥の村、安瀬《あぜ》ノ沢に伝承される狼祭りもその一つ。古くはオイノ祭りといったものだ。こんな祭りがつづいているのは、みちのくの奇跡といっていい。私は下流の町で、偶然この祭りが残っていることを聞いたのだが、驚きのあまり息がつまった。精霊崇拝の世界が北上高地に残っていた！

昭和六十三年二月十九日、私は狼祭りにお参りした。この祭りはそれまでひっそりとつづいていたもので、岩手の民俗としてはほとんど知られていなかった。安瀬ノ沢で狼祭りをする家は六軒。朝、並んで白い神飾りのヘイソクを持ち、雪道を踏んで渓谷の奥の狼さまへ参る。昔は子どもたちも来たが、今は年配の者だけだ。

木立のほとりに朽ちかけた鳥居、雪をかぶった石碑が二つ。山の神さまと三峰山の狼さまだ。雪を払って小豆めしのおにぎり、生卵、イワナを二匹。お神酒《みき》も上げる。小雪のちらつく中で手を合わせていると、狼が現代に問いかけるものは何か、しきりに明滅するものがある。

「さあ、オイノ酒を」

安瀬ノ沢の狼祭り

山の神さまと三峯山の石碑

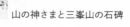

茶碗の盃をすすめられてドキッとする。これは骨肉の入らないものだ。

押し頂いていると、ふいに女たちが樹々の奥に向かって絶叫し、男たちもつづく。

「ありゃ、狼！　狼、狼！」

「狼だ！　狼が来たぁ！」

指さす女がいて、みんなの視線が追いかける。

「ひゃああ、やっぱり狼が来たっ！　狼、狼……っ」

「狼、狼、狼だ……っ！」

「狼さまぁ、人だの馬さ、かがんねぇようにしてけろーっ（襲わないように）！」

「かがんねぇようにしてけろ……っ、かがんねぇように……っ！」

ここで絶叫は、やわらかな希望に変わる。

狼祭りへ向かう人びと

「狼さまぁ、まぶって（守って）けろーっ！　狼さまぁっ」

「来年も丈夫で、ここまで来るにいいように……狼さまぁっ」

「狼さまぁぁぁ……」

絶叫は終わり、村人はつきものが落ちたような笑顔になり、男も女も酒をすする。白い雪、雪、雪の中で強烈なアニミズム、精霊崇拝の世界にひたる。狼が出没した時代に生きている感じ。素朴でけがれないものとの共存を願ってきたご先祖さまたちの魂にふれる。冷たい盃を傾けると、オイノ酒も強い香気で五臓六腑をかけめぐる。

誰かは、昨冬どこかのマダギが、ここの石碑に熊の心臓を捧げたのを見た、ささ竹の串に血がついたまま刺してあったなどと語る。

「良かったなし（良かったねえ）」

「ああ、良かった」

昔は雪中に火を焚き、歌酒盛りをしたが、今は当番の家で寄り合いをする。安瀬ノ沢は旧金沢村の奥。あたりは千メートルを越すけわしい山で囲まれている。藩政時代には名高い金山だったが掘りつくされてしまった。

帰路、曲がりくねった道を下流へたどり、三峰山の石碑を探しながら帰る。それは雪をかぶって集落ごとのようにあった。

近代文明は土俗の習慣や迷信を排除し、科学的な合理性のみを追求して発展とした。そうして戦後、金沢村のまわりの壮大なブナにおおわれていた国有林の山々は、遥かな稜線まで伐ってしまった。その結果、大群のサケが上った大槌川は水量が激減した。かつては伏流水がむくむく湧いて年中豊かに流れていたのに、半分以下の水量に落ちてサケの遡上が激減した。上流の原生林の大切さを思わずにはいられない。

ぼんやりかすむ山々を振り返りながら、狼の群れの姿を思い浮かべた。大きなものに小柄なものが混じって、群れはさっそうと自分たちの領土を歩いていた。黒絞りのもの、灰色のもの、黄褐色のものもいる。やせて尾はたれていた。耳は小さめで三角に立ち、頬が少し張っていた。どの狼も悲しみをたたえた琥珀《こはく》色の目をしていたろう。かなわぬことだが、生きた姿を見たいと思う。

狼の頭骨の発見

ここまでの原稿を仕上げ、刊行の準備をはじめた平成二十九年十二月、盛岡の岩手県立博物館で狼の頭骨公開というニュースが流れた。

「はて、海外の狼のものか?」

なんと岩手の狼で奥州市（旧江刺市）玉里の旧家で魔除けにしていたものという。

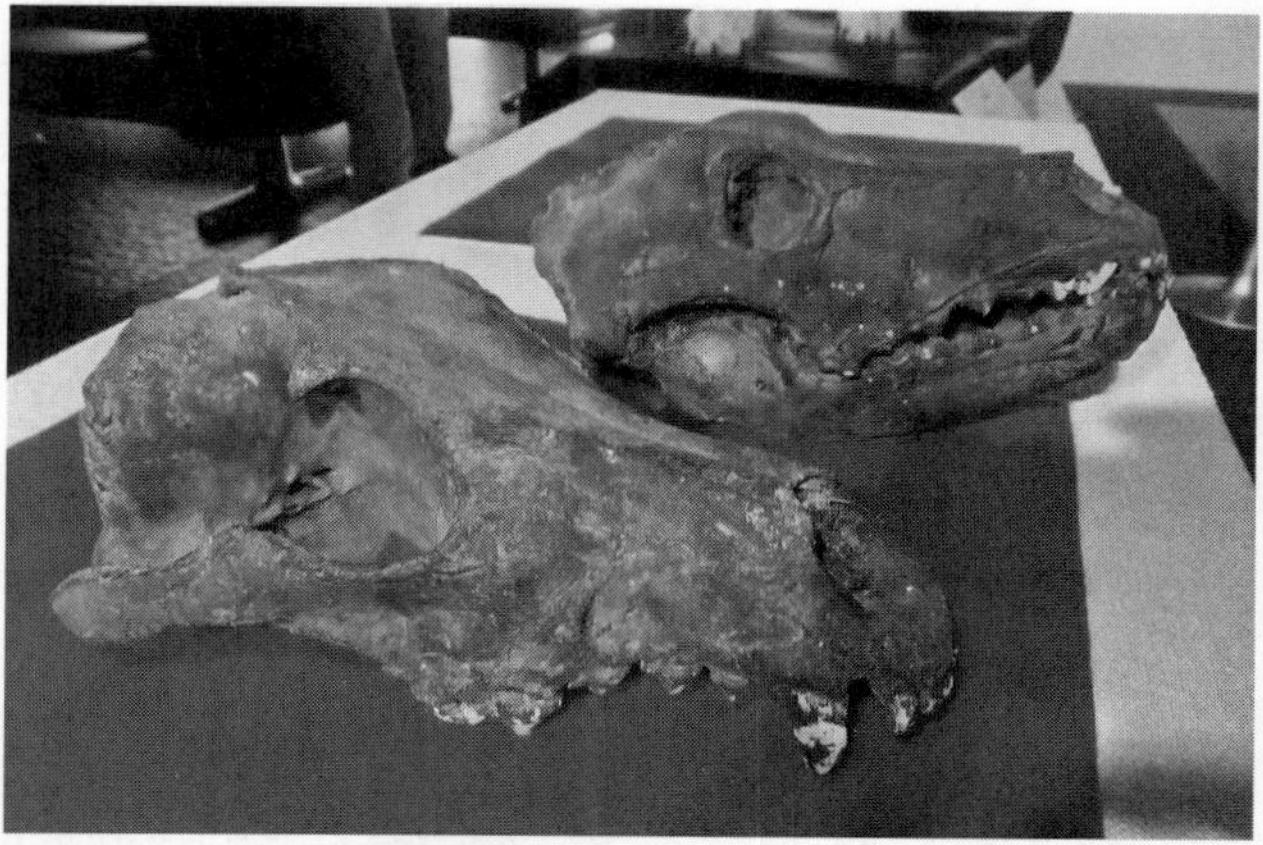

奥州市で発見された狼の頭骨。奥のものは犬

思わず「うへえ！」と飛び上がった。発見されたのは北上高地西側の田園地帯で、私が何度も狼の餅や狼沢の取材に訪ねたあたり。古老を探し歩いたのに聞きもらしたとみえる。

あたふた県立博物館へ出かけた。翌年の干支《えと》が戌なので、カナダ産という大きなハイイロオオカミの剝製が飾られ、その足元の緋色の布の上に頭骨が二つ展示されていた。奥のものは犬で、手前のものがニホンオオカミ‼ どちらも玉里の同じ家から出たという。

ニホンオオカミの頭骨は黒褐色にすすけた大きなものだ。惜しいことに下顎はない。若い女性の学芸員がうれしそうだ。

狼の魔除けがあった菅野
さん宅（昭和30年代）

菅野さん夫妻

「狼の専門家に、本物というお墨付きをいただきましたよ」

「うーむ」と出るのは感嘆ばかり。岩手から前代未聞の頭骨だ!!

後頭部が無残に欠けている。どんなドラマがあったのだろう。農夫が振り上げた鍬《くわ》の後ろで叩き殺したものか。肉がこびりついている。大きさからすると立派な雄で、前歯と牙はすれた感じ。獲物の骨をバリバリかじったのか。それですり減ったのだろうか。

頭骨の持ち主は奥州市の獣医師菊地薫さん（六十歳）。地元紙の胆江新聞によると、二十年ほど前に奥州市玉里の繁殖牛農家宅を往診した際に、二つの頭骨がリフォーム中の廃材の中に無造作にころがっていたという。それを譲り受けたのだ。

菊地さんは、平成二十五年に次男智景さんが帯広畜産大学に入学したのを機に、エゾオオカミの研究者である同大の佐々木基樹教授に鑑定を依頼。二つの頭骨は狼と大型日本犬のものと判明。狼の種類を特定するため、佐々木教授が狼ＤＮＡ分析のスペシャリスト、岐阜大学応用生物科学部の石黒直隆教授（現名誉教授）に鑑定を依頼すると、石黒教授はＤＮＡを採取し、ニホンオオカミであることを証明した。そこで平成二十九年九月、菊地さんは県立博物館に狼の頭骨を寄託した。菊地さんは語る。

「偶然の発見だったが、貴重な資料を残すことができて幸いだった」

雪が消えてから、私は元の持ち主の菅野雅嗣さん（七十一歳）を訪ねた。

東に種山ヶ原の山並みがくすんで見える。山頂ではかつて狼が吠えていたはずだ。盆地を見下ろす高台に菅野さんの家があった。堂々たる構えの旧家だ。菅野さんは農協職員だったが、田畑をつくり五、六頭の繁殖牛も飼った。心よく迎えて頭骨のいわれを語ってくれた。

「それがさ、二百年くらい前のものらしいな。なんでも人を三人食い殺した狼だっつう。それをご先祖さまが退治して、路地の横木の上さ魔除けに飾っておいたのさ。家を何回か建て替えたんで、俺の母親が下さ降ろして、下駄箱の上さのせで埃かぶっていたのさ。

狼だって本物かどうかわがんねえ。いまの時代に魔除けなんて……もう流行《はや》んない。何かの参考になるならどうぞって……、二つとも獣医さんさ渡したのす。まさか、本物の狼とは思わなかった」

あっけらかんと語り、夫人もそばで笑っている。

「まあ、俺の親父も無口な人で、その親たちも狼のことはなんにも伝えなかったもの。ここらあたりの年寄りもみんな亡くなって、いわれを覚えた人はねえんだ」

岩手県初の貴重な頭骨が危うく消えるところだった。

ニホンオオカミのルーツが判明

この頭骨の鑑定をした石黒直隆さんは、日本で初めてニホンオオカミのDNAを調べた学者として名高い。オオカミの頭骨からドリルで少量の骨粉を削りとり、ミトコンドリアDNAを分析して、イヌともタイリクオオカミとも大きく違っていることを突き止めた。

平成二十六年、「ニホンオオカミは日本の固有種ではなく、タイリクオオカミの亜種である」と発表。遺伝子のデータから、「ニホンオオカミは、今から九万〜十二万五千年前に、当時大陸に棲《す》んでいたオオカミから枝分かれし、朝鮮半島から日本列島へ渡って来た」

と推理した。当時は朝鮮半島と日本列島は海面が低くて四国、九州も本州につなが

狼DNA分析のスペシャリスト、石黒直隆教授

っていたのだ。石黒さんの推論は説得力がある。こうして頭骨の形だけの考察で留まっていた日本のオオカミ分類学は、劇的に展開する。私も感動した。

しかし、日本に渡来した大陸のオオカミの先祖は見つからないという。すでに滅んでしまったらしい。朝鮮半島の狼はもっと大型でDNAも違うという。

一方、北海道に生息したエゾオオカミは、約一万四千年前に枝分かれし、サハリン経由で渡って来たという。体格はタイリクオオカミなみで、ニホンオオカミよりずっと大きい。

ふと私は、茂兵衛さんからもらった狼の根付《ねつけ》を思い出し、本物かどうか、石黒さんに解析をお願いしようと思い立った。

その根付のいわれは、次の通りだ。

狼の根付があった!

海の十和田湖と呼ばれる波静かな山田湾。南に太平洋の荒波を防ぐように船越半島がのび、雲を呼ぶ高さにカロガ岳(霞露ヶ岳、五〇四メートル)がそびえている。ここに、生涯に千羽近い海ワシを捕獲して尾羽根を取って生計を立てた猟師の七兵衛さんがいた。七兵衛さんの伝記は『奥・遠野物語』といっていい(拙著『帰らぬオオワシ』)。

山田町のホライガ岳

せまい水路を挟んで東に向き合うのは十二神《じゅうにしん》山（七三一メートル）で、西にはこの町最高峰の高滝森《たかだきもり》（一一六〇メートル）から鳥古《とりこ》森、山母《やまはは》森、ホライガ岳（堀合ヶ岳、四五一メートル）がつらなっている。山田町の人々はこの湾をふところに、海の幸、山の幸に恵まれて生きてきた。

佐々木茂兵衛さん（大正元年生まれ）の家は山田湾の北西、豊間根《とよまね》川の最奥の日当《ひなた》集落にある。日当の南側にはホライガ岳がそそりたつ。あたりはマツタケの産地だが、上流はブナやミズナラの巨木の茂る原生林で、昔は猿の群れがいたし、熊も猪や鹿も珍しくなかった。

佐々木茂兵衛さん

茂兵衛さんは狼の遠吠えがうまい。ずんぐりむっくりの体を座り直して、尻上がりに高まり、長く尾を引くように「オーオーオーン」と唸ってみせる。子どものころ、祖父の槌太郎さんが炉端で何度も吠えてみせたという。

その茂兵衛さんの家に、狼のものといわれる頭骨の根付があった。青白い牙のついた見事なものだが、惜しいことに口先の部分だけだ。それを火縄銃で撃ったのは、祖父の槌太郎さんという。

槌太郎爺さんは明治元年を六歳で迎えたが、明治の十年代には夕方になるとホライガ岳から狼の遠吠えが合唱になって聴こえたという。遥か下流の原野にたむろする狼の群れと吠えあっていた。槌太郎さんの家の女たちは、

「また狼のやろめら（やつら）吠えでる、やったごと（嫌だこと）」

身震いして庭先にも出ないものだった。

豊間根川の上流にはカクラパナという馬の牧《まき》があって、集落の馬が放されていた。夜になると、番小屋に監視人がいても大事な馬が狼にやられることがある。カクラパナの奥には馬捨《ますて》て場があった。馬の墓場だ。

槌太郎さんが十七、八歳のころ、明治十一、二年のことだ。馬捨て場を狼が掘って、埋めたばかりの子馬を食っているという噂が流れた。

従兄弟の弁蔵さんは血の気が多くて、「狼を退治すべえ」と槌太郎さんを誘った。槌太郎さんもキジ撃ちなどが好きだったから、家にあった火縄銃を担いで弁蔵さんの後をついて行った。鉛の一発玉を詰め、火縄には火をつけていた。弁蔵さんには鉄砲がなかった。

二人はカクラパナの対岸の曲がった大木に登って隠れ、薄暗くなってから狼の遠吠えの真似をした。すると、狼の群れが川幅二十メートルばかりの浅瀬を渡ってきた。槌太郎さんは怖くなって、よく狙いもせずに「ドン！」と眼下の狼に発砲すると、あたりは一瞬炎と煙につつまれて見えなくなった。それが消えて目をこらすと狼たちも消えていた。

「しゃっ、もってえねえ。槌太ぁ、どこぶったべ」

槌太郎さんは、弁蔵さんに小言をいわれながらすごすご帰って来た。

翌朝、槌太郎さんが一人でカクラパナへ行ってみると、なんと狼が一匹、口をあいて浅瀬でのびていた。

「わわっ、弾丸が当たったのか？」

ノライヌよりずっと大きい。すぐ弁蔵さんを呼んで狼に縄をかけ、二人で家まで引きずって来ると大騒ぎになった。

槌太郎さんたちは年寄りの指図で、庭の池のそばで皮を剝き、狼の青白い牙のついた上顎の先をのこぎりで切りとった。それを居間の神棚に飾ってお神酒も上げ、弁蔵さんと並んで三拝九拝した。

当時、県庁では狼の捕獲に報労金をつけていたのに、集落では知らなかったらしい。やがてあちこちから狼の牙の見物人が来て、

「狼捕るなんて、いい若えもんだじゃ」

槌太郎さんを誉めた。しかし、ガガさん（母親）は顔をしかめた。

「狼に祟《たた》られたら、家なんぞつぶれてしまう」

ホライガ岳の狼は、その後間もなく、どうしたことか姿を消した。槌太郎さんのほかには捕る人もなかったのに、遠吠えもなくなって不思議だったという。すでにそのころ、狼の前途に暗雲がたれこめていたのだろうか。

茂兵衛さんの家から十キロほど下流の豊間根繋《つなぎ》に佐野屋という屋号の農家があった。分家の佐々木恒男さん（明治四十一年生まれ）が子どものころ、佐野屋に遊びに行くと、お爺さんが炉端で猿の毛皮の敷物にねまって（座って）いた。

佐野屋の大きな馬屋には年取った馬がいて、その尻には「ノ」の字の古いキズ跡があった。

「なんのキズだべ？」

見ていると腰の曲がったお婆さんが教えた。

「このキズはな、子っこのとき狼に嚙まれたんだど。走って逃げて助かったず」

「うへぇ……この馬っこの歳は、なんぼだの？」

「二十以上だべ、おらもはっきりは知らね」

「………」

恒男さんはその馬を見るたびに、狼への恐怖心がわいたという。しかし、その馬がどこで襲われたかは聞き洩らした。いずれ明治二十年代の豊間根のことだろう。そのころまで狼が残っていたのだ。恒男さんは苦学して、後に宮古市の小学校長になり、私にこの話をした。

日当の茂兵衛さんは成人すると馬喰《ばくろう》をして沿岸の村々を歩いた。馬の売買をしながら、茂兵衛さんは槌太郎さんの狼の牙を根付にし、印籠《いんろう》に結んで腰帯にさげてみた。印籠とは印鑑や薬などを入れる小箱だ。そのころ熊の大きな牙を根付にして護身用だと威張る男たちはいたが、狼の牙を持つ人はなくて珍しがられた。むろん小馬鹿にしてからかう男たちもいた。

「そんなものぶらさげて……本物の狼だが？」

茂兵衛さんは、晩年、たびたび我が家を訪ねてきた。貴重な昔を語るので、茂兵衛さんの来訪は楽しみだった。茂兵衛さんも内心は祖父の捕った狼が本物かどうかあやしんでいて、ある日、根付を持参して私に鑑定して欲しいという。だが根付には狼の識別点である顎の第一大臼歯がなくて判断できなかった。落胆した茂兵衛さんは、

「ほんじゃ、オラが持ってても仕方がねえ、これば先生さ上げます」

根付をおいて帰ってしまった。

DNAの解析結果

平成三十年五月、石黒直隆さんから茂兵衛さんの根付に次のような解析結果が届いた。

「根付より採取した骨粉を脱灰し、除蛋白した後、ミトコンドリアＤＮＡ（mtDNA）

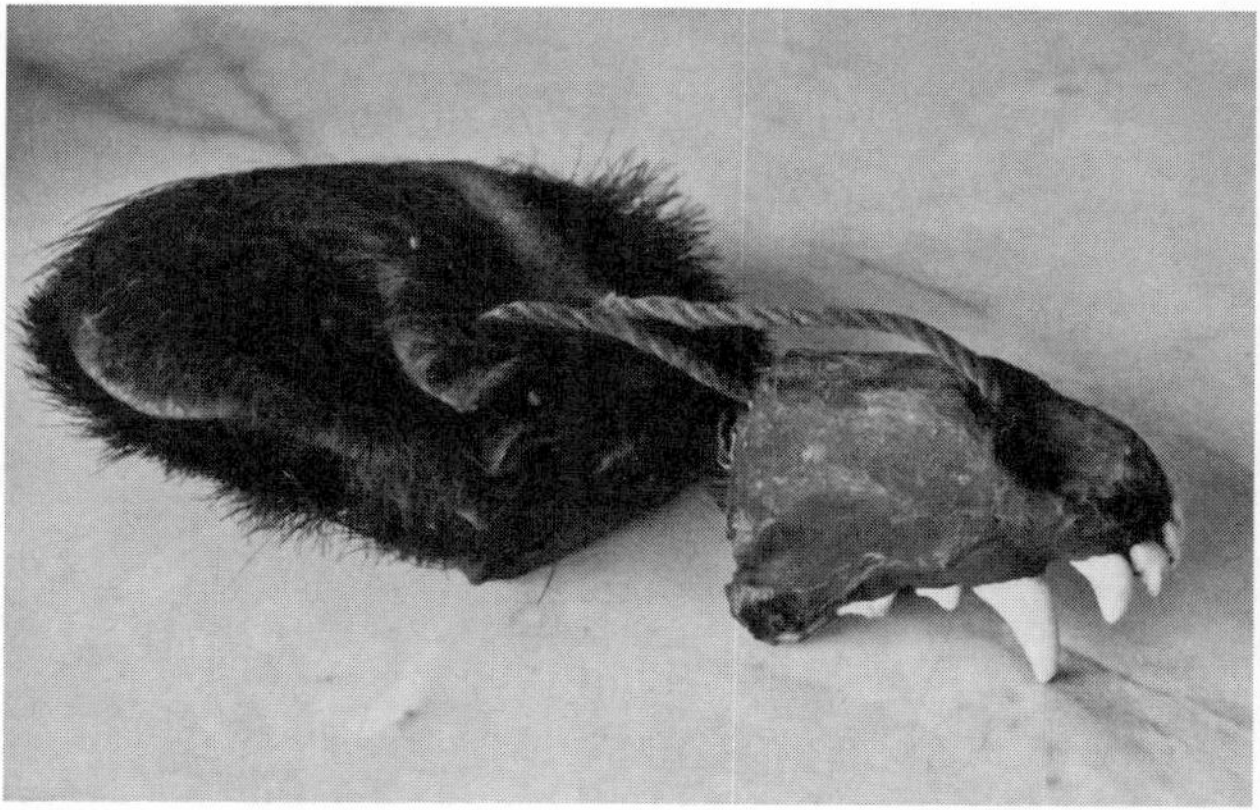

狼の根付（左は熊の皮の印籠）

のDループ200bpを増幅して、その塩基配列を解析しました。その結果、この資料はニホンオオカミに特有の配列（8塩基対の欠失）を有しています。この根付は、形態的にもニホンオオカミの大きさと特徴を有し、ミトコンドリアDNA分析でもニホンオオカミであることを確認しました。ニホンオオカミの骨であることは間違いありません」

茂兵衛さんは平成十七年に九十五歳で亡くなった。根付が本物と知ったらどんなに喜んだことだろう。

岩手県で二つ目のニホンオオカミの形見は、茂兵衛さんのお孫さんの和志さんと相談し、文化遺産として岩手県立博物館に永久保存をお願いすることにした。

北上高地の東側にも、西側の奥州市玉里のようにニホンオオカミが生きていた。彼らが消えたことは口惜しいが、生きていた確かな証拠が見つかったことはとてもうれしい。

おわりに

北国・岩手の狼がどのような運命に見舞われたのか、岩手県公文書庫のお蔭で、ようやくその最後を知ることができた。

狼は恐ろしいものだったが、原生の自然や田畑の守り神でもあった。それらを滅ぼしてしまった今、山紫水明だったみちのく岩手はどうなったろう？　明治九年に島県令がエゾとわかちがたいとさげすんだ暮らしから、想像もつかない経済大国に発展した。

山村の路上でも冷たいもの、熱いものが飲めるようになってモノがあふれている。そして滅びかけた鹿と猪は復活しだした。鹿の数をコントロールする狼が消えたからだ。

そして、高速道が通ったこの国の山も川も海も大病といっていい。植林した松や杉やカラマツに病虫害が発生し、ドングリのなるミズナラさえあちこちで枯れだしている。カッコウやツツドリ、ヨタカの声は年ごとにと遠くなる。子どもたちは大自然の呼び声を知らずに育つのだろう。そうしてもし奥山に狼がいて、人間がうっかり入れない聖域があったら、こうまで自然が荒廃したろうかと思わずにはいられない。

加えて平成二十三年三月、東日本大震災で福島第一原子力発電所がメルトダウンし、原発が抱える巨大なリスクがあらわになった。放出された放射性物質は三百キロも離れた北上高地の一部まで汚染した。そこでは山菜やキノコから鹿、熊、ヤマドリの肉さえ食べては危険という。

狼など比べものにならないものが、あらゆる生命と環境に牙をむいている。

しかし、北上高地の奥には狼酒を秘蔵する家があった。消えかけてはいるが、狼に餅を捧げ、狼祭りをする集落もあった。

人々が狼に素朴な信仰を捧げていたことは美しい。狼は恐ろしいものだったが、自然や田畑の守り神でもあった。

私はノンフィクションの動物文学を生きがいとしてきた。八十五歳までかかったが、ふるさとの狼がどのように生きたかを伝えることができたのは、本当にうれしい。最後に狼の頭骨が二つ発見されたのは、私にとって奇蹟といっていい。

この作品は三十年も前に岩手日報日曜版に三年間連載した「オオカミ物語」を基にした。出版には東京農業大学の山崎晃司教授のお世話をいただいた。また貴重な伝承を心よく語ってくれた方々に重ねて御礼申し上げる。

狼爺さんを記憶していた伊藤博さん、落し穴を案内した関口澄さん、狼供養塔の菊池省一さん、阿部タケさん、失水山の藤原一さん、鹿をくわえて川にと語った佐々木政雄さん、種山ヶ原の遠吠えを伝えた田村カネさん、木細工の菊池甚之進さん、狼沢の三沢スミエさん、佐藤コトミさん、伊藤栄之進さん、伊藤守一さん、外田の阿部政夫さん、狼の餅の千葉長英さん、菊地新吉さん、狼堂の渡辺庄市さん、矢作村の菊池義右衛門さん、所通の熊谷伊左衛門さん、世田米村の藤井豊三郎さん、オイヌクサレの紺野種治さん、大船渡市の鳥獣保護員の藤原栄之助さん、川井村の真田俊雄さん、狼酒の佐々木ハナヨさん、狼祭りの佐々木重義さん、佐々木三右エ門さん、徳田健次さん、佐々木健さん、田鎖巌さんに出会ったのは何よりの幸いだった。

岩手日報学芸部長及川和也氏、宮古市立図書館石村清忠館長をはじめ職員の皆さま。古文書の岸昌一氏、假屋雄一郎氏、元国立科学博物館研究員上野俊一氏、吉行瑞子氏、小原巌氏、岐阜大学名誉教授石黒直隆氏、東北歴史博物館村上一馬氏、岩手県立博物館藤井忠志氏、獣医師菊地薫氏、頭骨を持っていた菅野雅嗣氏、佐々木茂兵衛氏、郷土史家の佐々木祐子氏、久夫氏、両川典子氏、八幡つぐ子氏、常安寺の阿部文竜老師にはご指導とご支援をいただいた。

また、瀬川強氏、佐藤嘉宏氏、荒木田直也氏、吉野崇氏、中村徹夫氏にはすばらしい写真をご恵与いただき、山と溪谷社の神谷有二氏には懇切な編集をいただいた。最後に手伝ってくれた我が子と孫たち、昨年亡くなった妻敦子に心からの感謝を捧げる。

平成三十年七月

著者

文庫版あとがき　日本に巨大オオカミがいた

ニホンオオカミは、かつて本州、四国、九州に分布して、放牧の馬や人を襲うこともあった。それは世界のオオカミの中では極めて小型だったという。しかし、ニホンオオカミは、明治時代に各地が進めた狼退治によって絶滅してしまった。

ところが、ニホンオオカミとは異なる巨大オオカミが、はるかな昔だが日本にいたという。青森県下北半島の尻屋崎の近くの石灰岩の採石場から発見された歯の化石、栃木県佐野市葛生《くずう》の石灰岩の採石場から見つかった頭骨の化石は、オオカミとしては世界最大級のものという。北海道のエゾオオカミ、カナダや北アメリカのハイイロオオカミより大きいのだ。『文庫版　ニホンオオカミの最後』のあとがきに代えて、この巨大オオカミを紹介してみよう。

巨大オオカミの骨は、セメント原料の採取地として開発されている石灰岩の山から発見されている。多くはその山の洞穴や岩の割れ目から見つかっており、どうやらそこに落ちて死んだものが、化石となるようだ。この巨大オオカミは、小型のニホンオオカミの数万年前に日本列島に生息していたという。

そのころ朝鮮海峡は海ではなく陸地で、九州、四国、本州とつながっていた。そこを通ってユーラシア大陸からナウマンゾウ、オオツノジカ、ヘラジカ、ヤギュウ、トラ、ホラアナグマ、サイなどとともに、巨大オオカミも渡ってきた。無論、タヌキやキツネ、ネズミなどもやってきた。

巨大オオカミは早稲田大学の直良信夫教授（一九〇二～一九八五）が研究したが、直良教授は考古学者ですぐれた業績を残している。直良教授は研究の成果を『日本産狼の研究』（一九六五年、校倉書房）として出版した。当時は交通不便で東京から葛生へ出かけて石灰岩の山を調査するのは大変だった。直良教授は地下足袋《たび》をはき、脛にはゲートルをまいて険しい山道をたどっている。

また、直良教授はカメラもフィルムも不十分な時代に、詳細な骨の写生図を残している。これを描くのにどれほどの時間が必要だったのか、写真よりも緻密な図面で学者の良心に敬服した。巨大オオカミの骨は「直良信夫コレクション」として千葉県佐倉市の国立歴史民俗博物館に残されている。

お堀をまわし深い森に囲まれた国立歴史民俗博物館では、ナウマンゾウとともに巨大オオカミのレプリカ（複製品）を飾っている。こんな巨大なオオカミが日本にもいたのかと感嘆する。レプリカは耳の立った野生の鋭い顔のもの。巨大オオカミは群れをなして、大型の草食獣のオオツノジカやヘラジカなどを襲っていたのだ。眺めているとオオカミたちの遠吠えが聴こえてくる。

国立歴史民俗博物館の壁には、栃木県佐野市葛生の石灰岩の山で発見された巨大オオカミの頭骨化石も展示している。この頭骨化石は大英博物館所蔵のアンダーソンが奈良県鷲家口で猟師から買ったニホンオオカミよりはるかに巨大なもの。全長は約二五三ミリで、下顎の第一大臼歯は三四・六ミリ。歯はきれいに揃っている。アンダーソンのニホンオオカミの頭骨ははるかに小さくて全長一九〇ミリ、下顎の第一大臼歯は二六ミリだった。直良信夫教授が手をかけ、研究したものと思うと胸が一杯になる。

直良教授の時代には、この巨大オオカミと小型のニホンオオカミとの関係は不明だった。血のつながったものか、独自に進化したものか、外見や歯の形からはわからなかった。つまり、巨大オオカミが小型化したものか、独自に進化した別種なのか、学者の間で論争が絶えなかった。

だが、この巨大オオカミの骨が残っているので、新しい技術で古代のＤＮＡを解析できるらしい。こうした研究が進んで、オオカミの系統や正体が明らかになるのはありがたい。しかし、どんなに技術が進んでも滅びたものを生き返らせることはできないのだ。

栃木県佐野市の葛生化石館では、巨大オオカミの全身骨格標本を展示している。葛生周辺の石灰岩の山では今でも採石が行われていて、学芸員は近年発見されたオオカミの頭骨の化石を見せてくれた。

この巨大オオカミは日本列島を襲った氷河期に、ナウマンゾウなどとともに絶滅してしまう。ナウマンゾウはマンモスと違う南方系のゾウだが、長野県の野尻湖の湖底から五十頭もの骨が発掘されている。大群がいたのだ。

葛生化石館では、発掘したニッポンサイの骨格と肉付けした見事なレプリカも展示している。佐野市のような地方の博物館が失われた世界を再現していることはすばらしい。こうした博物館のおかげで人類は未来への思いを新たにするのだ。

ニホンオオカミの最後を訪ねる私の旅は果てしない。今回は巨大オオカミだったが、野生のものを惜しむ気持ちは尽きない。生きもののすむ地球環境が、これ以上悪化しないようにと祈らずにはいられない。

令和四年（二〇二二年）九月　　著者

解説　オオカミから入って到達したこと

高槻成紀

私に求められたのは解説であったが、実質的には感想となったことをご容赦いただきたい。書きたいと思ったことの一つは本書に書かれた場所が私の若き日の調査地を含むものであり、その感懐である。これは哺乳類研究者としての立場といえるかもしれない。もう一つはそこを離れてこの著作から感じたことで、一般読者としての立場といえる。

私が本書を読みながら抱いた思いの一つは、本書に出てくる北上山地の懐かしさである。私は、三十代の時に仙台から百回以上も通って五葉山でシカの調査をした。この山は遠野の南、釜石の西、大船渡の北にあり、これらの地名は本書に出てくるし、私が個人的にお世話になった人の名前もあった。私が盛んに調査をしていた一九八〇年代後半から一九九〇年代にかけて、東北地方ではシカの生息が限定的で、宮城県の金華山という島を除けば、このあたりしかいないとされていた。牡鹿半島とか男鹿半島という地名があるように、江戸時代までは東北地方一円にシカはいたはずなのだが、各地で絶滅してしまった。おそらく雪が多いために積雪期にはシカを大量捕獲しやすいからだと思われる。私は五葉山でシカの調査をしたのだが、実験室の生物学と違い、野外生態学はその土地に親しみ、土地の人と仲良くしなければうまくいかない。私は繰り返し調査地に行くことで自分自身がその土地に親しみを覚えるようになったことを思い出す。このことは拙著『北に生きるシカたち』(どうぶつ社)に書いた。本書にはその懐かしい北上山地の景観写真が出てきて心を動かされた。同時にこの地方の言葉も懐かしかった。

本書を読む私の意識にあったもう一つのことは、ノンフィクションの意味ということだ。冒頭にあるように、著者の遠藤氏は少年時代といってよいころからオオカミに特別の思いを抱き、学校の先生をしながらも動物のこと、特に鳥類やコウモリなどの調査をしてきた。そして大きな成果をあげたが、オオカミについては関心を抱きながらもなかなか攻めづらかったことがわかる。とにかく情報がないのである。遠藤氏は微かな情報でも丁寧にひもとき、ついに岩手県が保管する書類からオオカミに関するものを発見する。そして、書類に記述された人名と地名から、現地に赴いて聞き込みをする。その内容がかなりのスペースをとって記述される。

私自身は鳥取県で生まれ育ち、父親は九州人なので「西日本の人間」である。大学時代を仙台で過ごしたが、かなり強い「異国にいる気持ち」があった。言葉もそうだが、会話の仕方なども自分が子供の頃に見ていた山陰の大人のそれとは違うと感じた。そして大学の研究室には宮城、山形、岩手などの出身者がいたが、どこか自分にはない粘り強さを持っているように感じた。本書を読みながら、その感じを遠藤氏の記述にも感じた。実際、このフィールドワークに基づく記述の粘り強さは並大抵のものではなく。記述の文体はアクセントに乏しくいわば平板であり、同じ調子の記述が延々と続く。読み手の反応よりも、調べたことはすべて書くのだという執念のようなものを感じた。私は「ああ岩手の人だな」と感じた。

ニホンオオカミについてはほとんど情報がなく、和歌山県で一九〇五年に捕殺されたのがニホンオオカミの最後であるという情報が繰り返し、繰り返し引用されてきた。オオカミほどの存在感のある動物の絶滅に関する情報がこれほど乏しく、標本類も少ないというのは驚くべきことであるが、こうした「記述に対する淡白さ」はあるいは日本文化の負の一面ではないかと寂しくなる。そのことに食い込み、この文書に出会い、そこに記述した人に現地に赴いて聞き込みをした遠藤氏の成果は、ニホンオオカミについて重要な新知見をもたらしたのみならず、日本の記述精神の希薄さに対するプロテストという意義もあると思う。これにはおまけがついていて、それまで岩手県では見つかっていなかったオオカミの頭骨の発見にも繋がった。そしてその骨から得たDNA分析により、確かにニホンオオカミであること、大陸のオオカミとの関連なども明らかになったことが紹介されている。

オオカミに対する愛に裏打ちされた、執念ともいえるフィールドワークによって岩手のオオカミの最後が記述され、その社会的背景が分析されたことが本書の最大の価値であろう。つまり明治維新による近代化が国民の意識を変え、また銃を持てるようになったために野生動物が無制限であるかのように捕殺された。オオカミには破格の報償金がついたから人々は競ってオオカミ狩りをした。一言で言えば近代化がオオカミを絶滅に追いやり、それがみちのくの岩手にまで及んだということである。

私はこの記述を読みながら、ノンフィクションの精神ということを考えた。私自身は生態学者として自然を記述する。それは論文という形で表現されるが、そこで最重要なのは客観的事実と論理である。そのことと遠藤氏の記述の意味を考えながら読んだ。

私は動物が好きで本も好きだから、シートン動物記やファーブル昆虫記を愛読した。

日本にも「動物文学」というジャンルはあって読んでみたが、シートン動物記などとは大いに違うと思った。というのは、客観的事実が軽視され、著者の主観的思いが前に出るものが多かったからである。そうでなければ著者の個性が出ないという主張はあろうが、自然科学を志すものとしてはシートンの生物学的な緻密さに裏打ちされた記述とは本質的に違うと思った。この点、遠藤氏の記述は淡々と事実を重んじる姿勢が貫かれている。

そうではあるが、しかし驚くような主観的な表現もある。例えば『獲狼回議』という文書を発見したときの記述として

「するとふいに私の視界は曇った。うれし涙がこぼれたのだ」

などとある。普通であれば、発見の価値を背景やこれまでの知見を比較しながら解説すると思うが、遠藤氏はいきなり自分の感情を表出する。しかし、それらは日本の動物文学にある情緒的なものとは違うように思った。全編を通じて通奏低音のように響くのは自然豊かであるべき岩手県と弱いものへの愛であり、そのことがいわば「本音」として現れる。

あちこちに鳥類の豊かさやそれが減少したことへの悲しさが記述される。現金収入という基準からすれば決して上位に位置されることのない岩手県にとって、そのよう

な基準そのものがとるに足りないものであるという思いが感じられる。そして、そのことは自然に現代日本社会への批判につながる。例えば次のような記述がある。

「川にはちぎれたビニールが無数に引っかかっている。ビニールは発明しない方がよかった。このいつまでたっても腐敗しないブヨブヨしたものは現代社会を象徴している。後はどうなっても構わないのだ」

あるいは

「山村の路上でも冷たいもの、熱いものが飲めるようになってモノがあふれている」

などである。そうした著者の思いがオオカミに関する文書の記述の中にはめ込まれ本書を魅力あるものにしている。

本書を読みながら私はある本のことを思い出していた。そして改めてひもといてみた。その本とは『オオカミの護符』（小倉美惠子、二〇一一、新潮社）であり、やはりオオカミに関するものである。この本は関東のオオカミに関するものであり、著者は映画監督である女性である。立場も実際に書いてあることも大いに違うのだが、重要な点で共通するものがある。それは現代日本が忘れている重要なものへの気づきである。遠藤氏は、例えば大槌町の「狼祭り」に参加し、感銘を受ける。その感銘は農業以前の素朴でアニミズム的な根源的なものが残っていたことに関するものである。一方、小倉氏は秩父の古老と話をして、「何々山ではなくて、お山。個別の山を指すんでなくて、毎日お世話になっているお山。自然に崇めるような気持ちの言葉が〈お山〉だと思いますね」という言葉を聞き、感動する。自分の住む土地を大切にするということも両著者に共通である。

遠藤氏の凛とした姿勢の背景には動物への愛があり、それゆえに動物を減少させたり、絶滅させたりする人の行いに批判的である。小倉氏もオオカミの護符との出会いから、そう遠くない過去に山に敬意を持ちながらまっすぐな精神で生きていた人がいたことに驚愕し、それを知らなかった自分自身や現代社会への疑問を抱く。そう思えば、この二人の著者はオオカミから入って、単に動物のことではなく、現代社会が忘れてしまった自然への畏敬、土地への親愛など、人としての最重要なことに気づくことなしにこの国の将来はないという境地に到達したのではないか。そして重要なのは、私たちはこうした我が国の伝統的な自然への向き方が、オオカミがそうであったように、明治の近代化によって失われたと思い込んでいるが、そうではない、この変化の節目は思いがけず戦後にあったのではないか。二人の著者の慧眼と、言葉の背後に感じさせる直感力とでもいえる能力がそのことに気づいた、そのことを我々に伝えているように思う。

国際的な流れからＳＤＧｓが喧伝されるが、そういう輸入品に飛びつくよりも、半世紀前の我々の社会が持っていた重要なことに気づくべきだということを本書は伝えている。このことは強調されてよいと思う。本書が文庫本として多くの人に読んでもらえることになったことを喜びたい。

たかつき・せいき　一九七八年東北大学大学院理学研究科修了。理学博士。東北大学理学部助手、東京大学総合研究博物館教授、麻布大学獣医学部教授を歴任後、現在麻布大学いのちの博物館名誉学芸員。専攻は動物生態学、保全生態学。

参考文献（順不同）

斎藤弘吉『日本の犬と狼』雪華社　一九六四年
平岩米吉『狼』池田書店　一九八一年
平岩米吉『犬と狼』築地書館　一九九〇年
菱川晶子『狼の民俗学』東京大学出版会　二〇〇九年
『盛岡藩雑書』1～15　盛岡市教育委員会・同市中央公民館編　熊谷印刷出版部　一九八六年～二〇〇一年
『雑書　盛岡藩家老席日記』16～41　盛岡市教育委員会・同市中央公民館編　清水書院　二〇〇四年～二〇一七年
『岩手県史』岩手県編　杜陵印刷　一九六一年～一九六六年
『宮古市史』資料集　近世一～六　宮古市教育委員会　一九八四年～一九九〇年
『北上市史』近世一～八　北上市史刊行会　一九七六年～一九八四年
『八戸市史』八戸市史編さん委員会　一九六九年～一九八二年
『大迫町史』大迫町史編纂委員会　一九七九年～一九八六年
馬場清『田子町史』津軽書房　一九八五年
遠藤公男『原生林のコウモリ』学習研究社　一九七三年／垂井日之出印刷所　二〇一三年
遠藤公男『帰らぬオオワシ』偕成社　一九七六年
遠藤公男『韓国の虎はなぜ消えたか』講談社　一九八六年

遠藤公男『盛岡藩御狩り日記』講談社　一九九四年
『定本柳田國男集』筑摩書房　一九六二年〜一九七一年
田名部雄一『犬から探る古代日本人の謎』ＰＨＰ研究所　一九八五年
村上一馬「人馬を喰う狼、狼を獲る人々」東北歴史博物館研究紀要14　二〇一三年
兼平賢治『馬と人の江戸時代』吉川弘文館　二〇一五年
古川古松軒『東遊雑記』平凡社・東洋文庫　一九六四年
シーボルト／斎藤信訳『江戸参府紀行』平凡社・東洋文庫　一九六七年
金井清「日本で捕れた最後の狼」満洲生物学会会報2巻1・2号　一九三九年
上野益三「鷲家口とニホンオオカミ」甲南女子大学研究紀要5号　一九六九年
『森嘉兵衛著作集』第8巻　法政大学出版局　一九八二年
藤原英司『アメリカの動物滅亡史』朝日新聞社　一九七六年
吉田政吉『新遠野物語』国書刊行会　一九七二年
イサベラ・バード／高梨健吉訳『日本奥地紀行』平凡社・東洋文庫　一九七三年
梁部善次郎『会輔社と上野牧羊場』福岡プリント社　一九八一年
犬飼哲夫『わが動物記』暮しの手帖社　一九七〇年
犬飼哲夫『北方動物誌』北苑社　一九七五年
エドウィン・ダン／高倉新一郎・原田和幸編『我が半世紀の回想』北海道大学北方文化研究室　一九五七年
田面木貞夫『遠野の生んだ先覚者　山奈宗真』遠野市教育文化振興財団　一九八六年
松森胤保／磯野直秀解説『両羽博物図譜』両羽博物図譜刊行会　一九九三年〜一九九五年

信濃毎日新聞社編『しなの動植物記』信濃毎日新聞社　一九六九年
本多勝一『きたぐにの動物たち』実業之日本社　一九六九年
太田勇治『マタギ』翠楊社　一九七九年
今泉忠明『野生イヌの百科』データハウス　一九九三年
千葉徳爾『オオカミはなぜ消えたか』新人物往来社　一九九五年
佐々木久夫『オオカミまつり』自費出版　一九九六年
E・T・シートン／千葉茂樹編訳『シートン動物記　オオカミ王ロボ』学研教育出版　二〇一四年
ギュンター・ブロッホ／喜多直子訳『オオカミたちの本当の生活』エクスナレッジ　二〇一七年
『熊と狼』東北歴史博物館展示図録　二〇一七年
ブレット・ウォーカー／浜健二訳『絶滅した日本のオオカミ』北海道大学出版会　二〇〇九年

単行本版編集＝神谷有二（山と溪谷社）、藤田晋也
文庫版編集＝平野健太（山と溪谷社）
カバーデザイン＝美柑和俊（MIKAN-DESIGN）
本文DTP＝藤田晋也
地図制作＝株式会社千秋社

本書は、山と溪谷社が二〇一八年九月一〇日に『ニホンオオカミの最後　狼酒・狼狩り・狼祭りの発見』として刊行したものに、一部加筆・訂正したうえで文庫化したものです。

ニホンオオカミの最後　狼酒・狼狩り・狼祭りの発見

二〇二二年十一月二十日　初版第一刷発行

著　者　遠藤公男
発行人　川崎深雪
発行所　株式会社山と溪谷社
郵便番号　一〇一－〇〇五一
東京都千代田区神田神保町一丁目一〇五番地
https://www.yamakei.co.jp/

■乱丁・落丁、及び内容に関するお問合せ先
山と溪谷社自動応答サービス　電話〇三－六七四四－一九〇〇
受付時間／十一時～十六時（土日、祝日を除く）
メールもご利用ください。
【乱丁・落丁】service@yamakei.co.jp
【内容】info@yamakei.co.jp
■書店・取次様からのご注文先
山と溪谷社受注センター　電話〇四八－四五八－三四五五
ファックス〇四八－四二一－〇五一三
■書店・取次様からのご注文以外のお問合せ先
eigyo@yamakei.co.jp

本文フォーマットデザイン　岡本一宣デザイン事務所
印刷・製本　大日本印刷株式会社

定価はカバーに表示してあります

Printed in Japan ISBN978-4-635-04950-4